# 建筑消防管理人员读本

王学谦　主编

中国建筑工业出版社

**图书在版编目（CIP）数据**

建筑消防管理人员读本/王学谦主编. —北京：中国建筑工业出版社，2011.7

ISBN 978-7-112-13220-1

Ⅰ.①建… Ⅱ.①王… Ⅲ.①建筑物-消防-基本知识 Ⅳ.①TU998.1

中国版本图书馆 CIP 数据核字（2011）第 086314 号

本书共分十二章，内容主要包括：建筑消防基础知识，建筑消防管理法规，消防安全责任制和管理职责，建筑消防安全管理制度，建筑消防安全教育培训，建筑消防安全检查和火灾隐患整改，建筑消防技术措施，建筑设计、施工和使用消防管理，建筑用火、电气和重点工种管理，建筑消防设施维护管理，建筑火灾事故处置，火灾应急预案和消防档案管理等。

本书主要供机关、团体、企业、事业单位建筑消防安全管理人员学习使用，并可作为各单位对有关消防人员进行消防知识培训的教材。

责任编辑：岳建光 张 磊
责任设计：李志立
责任校对：张艳侠 赵 颖

**建筑消防管理人员读本**

王学谦 主编

*

中国建筑工业出版社出版、发行（北京西郊百万庄）
各地新华书店、建筑书店经销
北京圣夫亚美印刷有限公司印刷

*

开本：850×1168 毫米 1/32 印张：9 字数：240 千字
2011 年 6 月第一版 2011 年 6 月第一次印刷
定价：**22.00** 元
ISBN 978-7-112-13220-1
（20653）

# 前　言

在各种火灾中，建筑火灾发生的起数、造成的损失和危害居于首位。据统计，自1997年以来，我国的火灾直接经济损失平均为13亿元以上，其中建筑火灾的损失占80%以上；建筑火灾发生的次数占总火灾次数的75%以上。

近二十年间发生的多起特大恶性建筑火灾事故，伤亡惨重，损失巨大，骇人听闻。例如，1994年克拉玛依友谊馆特大火灾，造成325人死亡；1994年阜新市歌舞厅特大火灾，造成233人死亡；2000年洛阳市东都商厦特大火灾，造成309人死亡；1993年深圳市清水河安贸危险品仓库特大火灾爆炸事故，造成火灾直接经济损失2.5亿元，死亡18人，重伤136人；2004年吉林市中百商厦特大火灾，造成54人死亡。再如，2008年深圳市龙岗区舞王俱乐部特大火灾，造成43人死亡；2009年北京央视新址北配楼火灾，造成直接经济损失1.6亿余元；2010年上海市胶州路公寓特大火灾事故，导致58人死亡；等等。大量惨烈的建筑火灾案例警示人们，火灾是魔鬼，狰狞无情，同时提醒人们在防范方面万不可掉以轻心，务必做到警钟长鸣，防患于未然。

建筑消防管理人员担负着本地区、本单位建筑消防管理工作，是开展消防工作的骨干，在消防工作中起着参谋、监督、指导的作用。作为一名优秀的建筑消防管理人员，做好本职工作责无旁贷。长期的实践证明，一个地区、一个单位的消防工作搞得好坏，与消防管理人员在消防工作中是否很好发挥应有的作用直接相关。

建筑消防管理人员在业务素质方面必须做到熟知我国的消防

工作方针、政策，了解消防法规的有关规定，明确自己的职责和任务，熟练地掌握防火知识和灭火技能，学会消防管理的基本方法，做到懂技术，会管理。为了全面提高建筑消防管理人员的业务素质，我们组织编写了《建筑消防管理人员读本》一书。

本书共分十二章，内容主要包括：建筑消防基础知识；建筑消防管理法规；消防安全责任制和管理职责；建筑消防安全管理制度；建筑消防安全教育培训；建筑消防安全检查和火灾隐患整改；建筑消防技术措施；建筑设计、施工和使用消防管理；建筑用火、电气和重点工种管理；建筑消防设施维护管理；建筑火灾事故处置；火灾应急预案和消防档案管理等。本书的编写特点是：

（1）内容全面、系统，涵盖了建筑消防管理人员在业务工作方面应知、应会的全部知识。

（2）紧密结合国家最新颁布的消防法律、法规、技术规范和标准等，吸收了建筑消防技术和管理方面先进的实践成果。

（3）理论联系实际，针对性、实用性和可操作性强。

（4）循序渐进，深入浅出，简明精练，通俗易懂，便于读者自学。

本书主要供机关、团体、企业、事业单位建筑消防安全管理人员学习使用，并可作为各单位对有关消防人员进行消防知识培训的教材。

本书由王学谦担任主编，撰写人员有王学谦（撰写第一、二、三、六、七、八、九、十章），郑俊岭（撰写第十一章第三、四节），白洁（撰写第十二章），胥明智（撰写第十一章第一、二节），朱敬华（撰写第五章），周德海（撰写第四章）。

在编写本书的过程中，我们参阅了一些消防专业书籍的有关内容，在此谨向这些书籍的作者深表谢意。

由于编者水平所限，本书难免存在不足之处，敬请读者批评指正，以臻完善。

# 目　录

# 第一章 建筑消防基础知识

## 第一节 建筑物分类与构造

建筑物是供人们生活、工作、学习，从事生产和各种政治、经济、文化等活动的房屋。其他间接为人们提供服务的设施，如水池、水塔、支架、烟囱等则称为构筑物。

**一、建筑物分类**

建筑物因用途不同类型多种多样，分类按照目的和要求不同有各种分法。

（一）按使用性质分

1. 民用建筑

民用建筑按使用功能可分为居住建筑和公共建筑两大类。

居住建筑是供人们生活起居用的建筑物，例如：住宅、公寓和宿舍等。

公共建筑是供人们进行各种社会活动的建筑物，例如：教育建筑、办公建筑、科研建筑、文化建筑（影剧院、图书馆等）、商业建筑、服务建筑、体育建筑、医疗建筑、交通建筑、纪念建筑（纪念馆、故居）、园林建筑、综合建筑（多功能综合大楼、商住楼）等。

2. 工业建筑

工业建筑是指用于从事工业生产的各种房屋，如厂房和库房等。

3. 农业建筑

它包括饲养、种植、农产品加工等生产用房和贮存用房。

（二）按主要承重构件材料分

1. 木结构

建筑的主要承重构件（如屋架、柱子等）都是用木材做成的。古建筑多采用这种类型。

2. 砖木结构

建筑的主要承重构件用砖、木做成，其中墙、柱子采用砖砌，梁、屋架采用木材。

3. 砖混结构

建筑的墙、柱采用砖砌成，梁、楼板采用钢筋混凝土材料。

4. 钢筋混凝土结构

建筑的梁、板、柱全部采用钢筋混凝土结构，墙体等围护结构一般用砖墙或其他轻质材料做成。

5. 钢一钢筋混凝土混合结构

在某些大型公共建筑中，常因大跨度的需要，屋顶采用钢结构，而其他主要承重构件采用钢筋混凝土结构，这种型式称为钢一钢筋混凝土结构。

6. 钢结构

建筑的主要承重构件全部采用钢材制作，主要用于某些工业建筑和超高层建筑中。

（三）按层数和高度划分

从消防角度将建筑物划分为单、多层建筑和高层建筑两大类，不同的建筑所采用的消防措施不同。

1. 单、多层建筑

系指属于非高层的普通单、多层工业建筑和民用建筑，具体包括：

（1）9层及9层以下的居住建筑（包括设置商业服务网点的居住建筑）；

（2）建筑高度小于等于24.0m的公共建筑和建筑高度大于24.0m的单层公共建筑；

（3）地下、半地下建筑（包括建筑附属的地下室、半地下室）；

（4）单层厂房、仓库和多层厂房、仓库（2层及2层以上，且建筑高度不超过24.0m的厂房、仓库）；

（5）甲、乙、丙类液体储罐（区）；可燃、助燃气体储罐（区）；可燃材料堆场。

2. 高层民用建筑

（1）10层及10层以上的居住建筑（包括首层设置商业服务网点的住宅）；

（2）建筑高度超过24m的公共建筑（不包括单层主体建筑高度超过24m的体育馆、会堂、剧院等公共建筑以及高层建筑中的人民防空地下室）。

建筑高度大于100m的民用建筑称为超高层民用建筑。

3. 高层工业建筑

高层工业建筑系指建筑高度超过24m的2层及2层以上的厂房、库房，以及建筑高度超过24m的高架仓库。

**二、建筑物构造**

建筑物通常是由基础、墙（柱）、屋顶、地面和门窗等几部分组成的。2层或2层以上的建筑物，还有楼板和楼梯等部分。

1. 基础

基础的作用是支撑建筑物全部荷载，并将这些荷载传给地基。

2. 墙（柱）

墙和柱均是竖向承重构件，它支撑着屋顶、楼板的荷载。直接对外接触的墙体还起着抵御风雨的侵袭和隔声、隔热、保温的作用，而内墙则把建筑物的内部分成若干空间，起分隔作用。

3. 楼板

楼板把建筑分成若干层，它承受上部人、家具、器物的荷载，并连同自重一起传给墙体或柱。

4. 楼梯

楼梯是楼层间的垂直交通工具。在高层建筑中，除楼梯外还设有电梯。

5. 屋顶

屋顶是建筑物顶部的承重结构，它承受风力、积雪的重量和自重。同时屋顶也是围护结构，它起着防水、保温、隔热的作用。

6. 门窗

门是人们进出房间的通道，窗则起着采光和通风的作用。同时它们也起着围护和分隔建筑空间的作用。

建筑物除了以上基本组成部分外，还有阳台、台阶、散水、雨篷、烟囱、垃圾道、通风道等等。

## 第二节　燃烧与火灾

### 一、燃烧

燃烧是一种同时伴有放热和发光效应的剧烈的氧化反应。放热、发光、生成新物质是燃烧现象的三个特征。弄清燃烧的条件，对于预防火灾、控制火灾和扑救火灾有着十分重要的指导意义。

（一）燃烧的条件

发生燃烧必须同时具备下列三个条件：

1. 可燃物

一般说来，凡是能在空气、氧气或其他氧化剂中发生燃烧反应的物质都称为可燃物。可燃物按其组成可分为无机可燃物和有机可燃物两大类。从数量看，绝大部分可燃物为有机物，少部分为无机物。

无机可燃物包括金属（如钠、钾、镁、钙、铝等）、非金属（如碳、磷、硫等），以及一氧化碳、氢气等。

有机可燃物种类繁多，其中大部分含有碳（C）、氢（H）、氧（O）元素，有的还含有少量氮（N）、磷（P）、硫（S）等，如木材、煤、棉花、纸、汽油、甲烷、乙醇、塑料等。

可燃物按其状态，可分为可燃固体、可燃液体及可燃气体三大类。不同状态的同一种物质燃烧性能是不同的。一般来讲，气体比较容易燃烧，其次是液体，再次是固体。

2. 氧化剂

凡是能与可燃物发生反应并引起燃烧的物质，称为氧化剂。

氧化剂的种类很多。氧气是一种最常见的氧化剂，它存在于空气中（体积百分数约为21%），故一般可燃物质在空气中均能燃烧。空气供应不足时燃烧就会不完全，隔绝空气能使燃烧停止。

常见的氧化剂还有氟、氯、溴、碘，以及一些化合物，如硝酸盐、氯酸盐、高锰酸盐及过氧化物等。它们的分子中含氧较多，当受到光、热或摩擦、撞击等作用时，能发生分解放出氧气，从而使可燃物氧化燃烧。

3. 点火源

点火源是指具有一定能量，能够引起可燃物质燃烧的能源。有时也称着火源。点火源的种类很多，如：明火、电火花、冲击与摩擦火花、高温表面等。

点火源这一燃烧条件的实质是提供一个初始能量，在此能量激发下，使可燃物与氧化剂发生剧烈的氧化反应，引起燃烧。

可燃物、氧化剂和点火源是构成燃烧的三个要素，缺一不可，即必要条件。但发生燃烧仅具有必要条件还不够，还要有“量”的方面的条件，即充分条件。在某些情况下，如可燃物的数量不够，氧化剂不足，或点火源的能量不够大，燃烧也不能发生。例如，在同样温度（20℃）下，用明火瞬间接触汽油和煤油时，汽油会立刻燃烧起来，煤油则不会。这是因为汽油在此温度下的蒸气量已经达到了燃烧所需浓度（数量），而煤油蒸气量没有达到燃烧所需浓度。由于煤油的蒸发量不够，虽有足够的空气（氧气）和着火源的接触，也不会发生燃烧。又如，实验证明，空气中氧气的浓度降低到14%～18%时，一般的可燃物质就不能燃烧。再如，火柴可点燃一张纸而不能点燃一块木头；电焊、气焊火花温度可达1000℃以上，它可以将达到一定浓度的可燃混合气体引爆，而不能将木块、煤块引燃。

由此可见，要使可燃物发生燃烧，不仅要同时具备三个要素，而且每一要素都必须具有一定的“量”，并彼此相互作用。否则，就不能发生燃烧。

（二）燃烧条件在消防工作中的应用

一切防火和灭火措施的基本原理，都是根据物质燃烧的条件，阻止燃烧三要素同时存在、互相结合、互相作用。燃烧条件在消防工作中的应用有以下两个方面：

1. 防火的基本措施

一切防火措施，都是为了防止燃烧条件产生。防止火灾的基本措施有：

（1）控制可燃物。以难燃或不燃的材料代替易燃或可燃的材料；用防火涂料刷涂可燃材料，改变其燃烧性能；对于具有火灾、爆炸危险性的厂房，采取通风方法，以降低易燃气体、蒸气和粉尘在厂房空气中的浓度，使之不超过最高允许浓度；将性质相互作用的样品分开存放等。

（2）隔绝空气。使用易燃易爆物质的生产应在密闭设备中进行；对有异常危险的生产，可充装惰性气体保护；隔绝空气储存，如将钠存于煤油中，磷存于水中，二硫化碳用水封闭存放等。

（3）消除着火源。如采取隔离、控温、接地、避雷、安装防爆灯、遮挡阳光、禁止烟火等。

（4）阻止火势蔓延。如在相邻两建筑之间留出一定的防火间距；在建筑内设防火墙、防火门和防火卷帘；在管道上安装防火阀等。

2. 灭火的基本方法

一切灭火措施，都是为了破坏已经产生的燃烧条件，使燃烧熄灭。灭火的基本方法有：

（1）隔离法。将火源处或其周围的可燃物质隔离或移开，使燃烧因隔离可燃物而停止。

（2）窒息法。阻止空气流入燃烧区或用不燃物质冲淡空气，使燃烧物得不到足够的氧气而熄灭。

（3）冷却法。将灭火剂直接喷射到燃烧物上，以降低燃烧物的温度于燃点之下，使燃烧停止；或者将灭火剂喷洒在火源附近的物体上，使其不受到火焰辐射热的威胁，避免形成新的着火点。冷却法是灭火的主要方法，常用水和二氧化碳冷却降温灭火。

（4）抑制法。使灭火剂参与到燃烧反应过程中去，使燃烧过程中产生的游离基消失，而形成稳定分子或低活性的游离基，使燃烧反应终止。

## 二、火灾

### （一）火灾分类

火灾是一种违反人们意志、在时间和空间上失去控制的燃烧现象。按照2009年4月1日施行的《火灾分类》（GB/T 4968—2008）规定，根据可燃物的类型和燃烧特性将火灾分为六个不同的类别，即：

A类火灾：指一般可燃固体物质火灾。如木材、棉、毛、麻、纸张、橡胶及各种塑料等燃烧而引起的火灾。

B类火灾：指甲、乙、丙类液体火灾和可熔化的固体物质火灾。如汽油、煤油、柴油、原油、酒精、乙醚、沥青、石蜡等燃烧形成的火灾。

C类火灾：指气体火灾。如煤气、天然气、甲烷、乙烷、丙烷、乙炔、氢气等燃烧引起的火灾。

D类火灾：指某些金属火灾。如钾、钠、镁、铝、钛、锆、锂及其合金等燃烧引起的火灾。

E类火灾：指带电体燃烧的火灾。

F类火灾：烹饪器具内的烹饪物（如动植物油脂）火灾。

以上火灾分类对选用灭火方式，特别是对选用灭火器灭火具有指导作用。

2007年施行的《生产安全事故报告和调查处理条例》，按一次火灾事故造成的人员伤亡和直接财产损失，将火灾分为特别重大火灾、重大火灾、较大火灾和一般火灾四个等级：

（1）特别重大火灾是指造成30人以上死亡，或者100人以上重伤，或者1亿元以上直接财产损失的火灾。

（2）重大火灾是指造成10人以上30人以下死亡，或者50人以上100人以下重伤，或者5000万元以上1亿元以下直接财产损失的火灾。

（3）较大火灾是指造成3人以上10人以下死亡，或者10人以上50人以下重伤，或者1000万元以上5000万元以下直接财产损失的火灾。

（4）一般火灾是指造成3人以下死亡，或者10人以下重伤或者1000万元以下直接财产损失的火灾。

其中“以上”包括本数，“以下”不包括本数。

按照火灾发生的场所和对象，可将火灾分为以下6类：

（1）建筑火灾；

（2）石油化工火灾；

（3）交通工具火灾；

（4）矿山火灾；

（5）森林草原火灾；

（6）其他火灾。

在各种火灾中，建筑火灾发生的起数和造成的损失、危害居于首位。这是因为，建筑物都存在可燃物和着火源，稍有不慎，就可能引起火灾，建筑又是财产和人员极为集中的地方，因而发生建筑火灾往往会造成十分严重的损失。随着城市日益扩大，各种建筑越来越多，建筑布局及功能日益复杂，用火、用电、用气和化学物品的应用日益广泛，建筑火灾的危险性和危害性大大增加。近年来，我国的建筑火灾形势依然严峻，其发生频率和造成的损失在总火灾中所占比例居高不下。

（二）建筑起火原因

凡是事故皆有起因，火灾亦不例外。建筑起火的原因归纳起来大致可分为六类。

1. 生活和生产用火不慎

(1) 生活用火不慎

我国城乡居民家庭火灾绝大多数为生活用火不慎引起。属于这类火灾的原因，大体有以下几方面：

1）吸烟不慎。烟头和点燃烟后未熄灭的火柴梗虽是个不大的火源，但它能引起许多可燃物质燃烧着火。在生活用火引起的火灾中，吸烟不慎引起的火灾次数占很大比例。

2）炊事用火。炊事用火是人们最经常的生活用火，除了居民家庭外，单位的食堂、饮食行业都涉及炊事用火。炊事用火的主要器具是各种炉灶，如煤、柴炉灶、液化石油气炉灶、煤气炉灶、天然气炉灶、沼气炉灶、煤油炉等；许多炉灶设有排烟烟囱。

3）取暖用火。我国广大地区，特别是北方地区，冬季都要取暖。除了宾馆、饭店和部分居民住宅使用空调和集中供热外，绝大多数使用明火取暖。取暖用的火炉、火炕、火盆及用于排烟的烟囱在设置、安装、使用不当时，都可能引起火灾。

4）灯火照明。城市和绝大多数乡村现已使用电灯照明，但在供电发生故障或修理线路时，每逢停电也常用蜡烛、油灯照明。此外，婚事、丧事、喜事等也往往燃点蜡烛。少数无电的农村和边远地区则都靠蜡烛、油灯等照明。蜡烛和油灯放置位置不当，用时不当心等都容易引起火灾事故。

5）小孩玩火。虽不是正常生活用火，但却是生活中火灾发生的常见原因。

6）燃放烟花爆竹。每逢节日庆典，人们多燃放烟花爆竹来增加欢乐气氛。但是在烟花爆竹燃放时若不注意防火安全，则会引起火灾事故。

7）宗教活动用火。在进行宗教活动的主要场所庵堂、寺庙、道观中，整日香火不断，烛火通明。如果稍有不慎，就会引起火灾。庵堂、寺庙、道观中很多是古建筑，一旦发生火灾，将会造成重大损失。

(2) 生产用火不慎

用明火熔化沥青、石蜡或熬制动、植物油时，因超过其自燃点，着火成灾。在烘烤木板、烟叶等可燃物时，因升温过高，引起烘烤的可燃物起火成灾。锅炉中排出的炽热炉渣处理不当，会引燃周围的可燃物。

2. 违反生产安全制度

由于违反生产安全制度引起火灾的情况很多。如在易燃易爆的车间内动用明火，引起爆炸起火；将性质相抵触的物品混存在一起，引起燃烧爆炸；在焊接和切割时，会飞迸出大量火星和熔渣，焊接切割部位温度很高，如果没有采取相应的防火措施，则很容易酿成火灾；在机器运转过程中，不按时加油润滑，或没有清除附在机器轴承上面的杂质、废物，而使机器这些部位摩擦发热，引起附着物燃烧起火；电熨斗放在台板上，没有切断电源就离去，导致电熨斗过热，将台板烤燃引起火灾；化工生产设备失修，发生可燃气体、易燃、可燃液体跑、冒、滴、漏现象，遇到明火燃烧或爆炸。

3. 电气设备设计、安装、使用及维护不当

电气设备引起火灾的原因，主要有电气设备过负荷、电气线路接头接触不良、电气线路短路；照明灯具设置使用不当，如将功率较大的灯泡安装在木板、纸等可燃物附近，将日光灯的镇流器安装在可燃基座上，以及用纸或布做灯罩并紧贴在灯泡表面上等；在易燃易爆的车间内使用非防爆型的电动机、灯具、开关等。

4. 自然现象引起

(1) 自燃

所谓自燃，是指在没有任何明火的情况下，物质受空气氧化或外界温度、湿度的影响，经过较长时间的发热和蓄热，逐渐达到自燃点而发生燃烧的现象。如大量堆积在库房里的油布、油纸，因为通风不好，内部发热，以致积热不散发生自燃。

(2) 雷击

雷电引起的火灾原因，大体上有三种：一是雷直接击在建筑

物上发生的热效应、机械效应作用等；二是雷电产生的静电感应作用和电磁感应作用；三是高电位沿着电气线路或金属管道系统侵入建筑物内部。在雷击较多的地区，建筑物上如果没有设置可靠的防雷保护设施或其失效，便有可能发生雷击起火。

(3) 静电

静电通常是由摩擦、撞击而产生的。因静电放电引起的火灾事故屡见不鲜。如易燃、可燃液体在塑料管中流动，由于摩擦产生静电，引起易燃、可燃液体燃烧爆炸；抽送易燃液体流速过大，无导除静电设施或者导除静电设施不良，致使大量静电荷积聚，产生火花引起爆炸起火；在有大量爆炸性混合气体存在的地点，身上穿着的化纤织物的摩擦、塑料鞋底与地面的摩擦产生的静电引起爆炸性混合气体爆炸等。

(4) 地震

发生地震时，人们急于疏散，往往来不及切断电源、熄灭炉火以及处理好易燃、易爆生产装置和危险物品等，因而伴随着地震发生，会有各种火灾发生。

5. 纵火

纵火分刑事犯罪纵火及精神病人纵火。

6. 建筑布局不合理，建筑材料选用不当

在建筑布局方面，防火间距不符合消防安全要求，没有考虑风向、地势等因素对火灾蔓延的影响，往往会造成发生火灾时火烧连营，形成大面积火灾。在建筑构造、装修方面，大量采用可燃构件，可燃、易燃装修材料都大大增加了建筑火灾发生的可能性。

据我国 1992～2005 年火灾原因统计可见，各种火灾原因引起的火灾次数占总火灾次数的比例是：电气引起火灾 24.1%；生活用火不慎 26.7%；违反安全规定 6.9%；吸烟 8.7%；玩火 7.8%；放火 6.5%；自燃 1.4%；其他 6.6%；不明原因 11.3%。值得注意的是，近年来，因电气引起的火灾次数居高不下，造成的损失占总火灾损失的 45%左右，因此要切实重视和加强预防因电气引发的火灾。

（三）建筑火灾发展过程

建筑火灾最初是发生在建筑物内的某个房间或局部区域，然后由此蔓延到相邻房间或区域，以至整个楼层，最后蔓延到整个建筑物。根据室内火灾温度随时间的变化特点，可以将火灾发展过程分为三个阶段，即火灾初起阶段、火灾全面发展阶段、火灾熄灭阶段。

1. 初起阶段

室内发生火灾后，最初只是起火部位及其周围可燃物着火燃烧。这时火灾好像在敞开的空间里进行一样。

初起阶段的特点是：火灾燃烧范围不大，火灾仅限于初始起火点附近；室内温度差别大，在燃烧区域及其附近存在高温，室内平均温度低；火灾发展速度较慢，在发展过程中，火势不稳定；火灾发展时间因点火源、可燃物质性质和分布、通风条件影响长短差别很大。

根据初起阶段的特点可见，该阶段是灭火的最有利时机，应设法争取尽早发现火灾，把火灾及时控制消灭在起火点。为此，在建筑物内安装和配备适当数量的灭火设备，设置及时发现火灾和报警的装置是很有必要的。初起阶段也是人员疏散的有利时机，发生火灾时人员若在这一阶段不能疏散出房间，就很危险了。初起阶段时间持续越长，就有更多的机会发现火灾和灭火，并有利于人员安全撤离。

2. 全面发展阶段

在火灾初起阶段后期，火灾范围迅速扩大，当火灾房间温度达到一定值时，聚积在房间内的可燃气体突然起火，整个房间都充满了火焰，房间内所有可燃物表面部分都卷入火灾之中，燃烧很猛烈，温度升高很快。房间内局部燃烧向全室性燃烧过渡的这种现象通常称为轰燃。轰燃是室内火灾最显著的特征之一，它标志着火灾全面发展阶段的开始。对于安全疏散而言，人们若在轰燃之前还没有从室内逃出，则很难幸存。

轰燃发生后，房间内所有可燃物都在猛烈燃烧，放热速度很大，因而房间内温度升高很快，并出现持续性高温，最高温度可达1100℃左右。火焰、高温烟气从房间的开口大量喷出，把火灾蔓延到建筑物的其他部分。室内高温还对建筑构件产生热作用，使建筑物构件的承载能力下降，甚至造成建筑物局部或整体倒塌破坏。

耐火建筑的房间通常在起火后，由于其四周墙壁和顶棚、地面坚固，不会烧穿，因此发生火灾时房间通风开口的大小没有什么变化，当火灾发展到全面燃烧阶段，室内燃烧大多由通风控制着，室内火灾保持着稳定的燃烧状态。火灾全面发展阶段的持续时间取决于室内可燃物的性质和数量、通风条件等。

为了减少火灾损失，针对火灾全面发展阶段的特点，在建筑防火中应采取的主要措施是：在建筑物内设置具有一定耐火性能的防火分隔物，把火灾控制在一定的范围之内，防止火灾大面积蔓延；选用耐火程度较高的建筑结构作为建筑物的承重体系，确保建筑物发生火灾时不倒塌破坏，为火灾时人员疏散、消防队扑救火灾，以及火灾后建筑物修复、继续使用创造条件。

3. 熄灭阶段

在火灾全面发展阶段后期，随着室内可燃物的挥发物质不断减少，以及可燃物数量减少，火灾燃烧速度递减，温度逐渐下降。当室内平均温度降到温度最高值的80%时，则认为火灾进入熄灭阶段。随后，房间温度下降明显，直到把房间内的全部可燃物烧光，室内外温度趋于一致，宣告火灾结束。

该阶段前期，燃烧仍十分猛烈，火灾温度仍很高。针对该阶段的特点，应注意防止建筑构件因较长时间受高温作用和灭火射水的冷却作用而出现裂缝、下沉、倾斜或倒塌破坏，确保消防人员的人身安全；并应注意防止火灾向相邻建筑蔓延。

### （四）建筑火灾蔓延的途径

建筑物内某一房间发生火灾，当发展到轰燃之后，火势就会突破该房间的限制向其他空间蔓延。

1. 火灾在水平方向的蔓延

(1) 未设防火分区

对于主体为耐火结构的建筑来说，造成水平蔓延的主要原因之一是建筑物内未设水平防火分区，没有防火墙及相应的防火门等形成控制火灾的区域空间。

(2) 洞口分隔不完善

对于耐火建筑来说，火灾横向蔓延的另一途径是洞口处的分隔处理不完善。如，户门为可燃的木质门，火灾时被烧穿；普通防火卷帘无水幕保护，导致卷帘失去隔火作用；管道穿孔处未用不燃材料密封等等。

(3) 火灾在吊顶内部空间蔓延

装设吊顶的建筑，房间与房间、房间与走廊之间的分隔墙只做到吊顶底皮，吊顶上部仍为连通空间，一旦起火极易在吊顶内部蔓延，且难以及时发现，导致灾情扩大；就是没有设吊顶，隔墙如不砌到结构底部，留有孔洞或连通空间，也会成为火灾蔓延和烟气扩散的途径。

(4) 火灾通过可燃的隔墙、吊顶、地毯等蔓延

可燃构件与装饰物在火灾时直接成为火灾荷载，由于它们的燃烧因而导致火灾扩大。

2. 火灾通过竖井蔓延

在现代建筑物内，有大量的电梯、楼梯、设备、垃圾等竖井，这些竖井往往贯穿整个建筑，若未作完善的防火分隔，一旦发生火灾，就可以蔓延到建筑的其他楼层。

(1) 火灾通过楼梯间蔓延

建筑的楼梯间，若未按防火、防烟要求进行分隔处理，则在火灾时犹如烟囱一般，烟火很快会由此向上蔓延。

(2) 火灾通过电梯井蔓延

电梯间未设防烟前室及防火门分隔，则其井道形成一座座竖向“烟囱”，发生火灾时则会抽拔烟火，导致火灾沿电梯井迅速向上蔓延。

(3) 火灾通过其他竖井蔓延

建筑中的通风竖井、管道井、电缆井、垃圾井也是建筑火灾蔓延的主要途径。此外，垃圾道是容易着火的部位，也是火灾中火势蔓延的主要通道。

3. 火灾通过空调系统管道蔓延

建筑空调系统未按规定设防火阀、采用可燃材料风管、采用可燃材料做保温层都容易造成火灾蔓延。通风管道蔓延火灾，一是通风管道本身起火并向连通的空间（房间、吊顶、内部、机房等）蔓延；二是它可以吸进火灾房间的烟气，而在远离火场的其他空间再喷冒出来。

4. 火灾由窗口向上层蔓延

在现代建筑中，从起火房间窗口喷出的烟气和火焰，往往会沿窗间墙经窗口向上逐层蔓延。若建筑物采用带形窗，火灾房间喷出的火焰被吸附在建筑物表面，有时甚至会卷入上层窗户内部。

（五）建筑火灾蔓延的方式

1. 火焰蔓延

初始燃烧的表面火焰，在使可燃材料燃烧的同时，并将火灾蔓延开来。火焰蔓延速度主要取决于火焰传热的速度。

2. 热传导

火灾区域燃烧产生的热量，经导热性好的建筑构件或建筑设备传导，能够使火灾蔓延到相邻或上下层房间。例如，薄壁隔墙、楼板、金属管壁，都可以把火灾区域的燃烧热传导至另一侧的表面，使地板上或靠着隔墙堆积的可燃、易燃物质燃烧，导致火灾扩大。应该指出的是，火灾通过传导的方式进行蔓延扩大，有两个比较明显的特点。其一是必须具有导热性好的媒介，如金属构件、薄壁构件或金属设备等；其二是蔓延的距离较近，一般只能是相邻的建筑空间。

3. 热对流

热对流作用可以使火灾区域的高温燃烧产物与火灾区域外的

冷空气发生强烈流动，将高温燃烧产物传播到较远处，造成火势扩大。建筑房间起火时，在建筑内燃烧产物则往往经过房门流向走道，窜到其他房间，并通过楼梯间向上层扩散。在火场上，浓烟流窜的方向，往往就是火势蔓延的方向。

4. 热辐射

热辐射是物体在一定温度下以电磁波方式向外传送热能的过程。一般物体在通常所遇到的温度下，向空间发射的能量，绝大多数都集中于热辐射。建筑物发生火灾时，火场的温度高达上千度，通过外墙开口部位向外发射大量的辐射热，对邻近建筑构成火灾威胁。同时，也会加速火灾在室内的蔓延。

## 第三节 消防与管理

### 一、消防

“消防”通常是指消灭火灾和预防火灾的各项活动。消防工作是一项社会性很强的工作，涉及社会的各个领域和各个行业，与人们的生产和生活等有着十分密切的关系。消防工作的作用体现在：保护公民人身和财产安全，保护公共财产安全，保卫社会主义现代化建设，保护历史文化遗产，减轻地震等造成的火灾危害和打击放火犯罪，维护社会安定。

（一）消防工作的方针

《中华人民共和国消防法》（以下简称《消防法》）第二条规定：“消防工作贯彻预防为主，防消结合的方针”。这个方针科学、准确地表达了“防”和“消”的辩证关系，正确地反映了同火灾作斗争的基本规律，也体现了我国消防工作的特色。

所谓预防为主，就是不论在指导思想上还是在具体行动上，都要把火灾的预防工作放在首位，贯彻落实各项防火行政措施、技术措施和组织措施，切实有效地防止火灾的发生。预防为主，防患于未然，这是消防工作方针首先强调的方面。火灾是一种常见的灾害，但大多数火灾是人为因素造成的，如人的思想麻痹、放松警惕、缺乏防火意识等。可见，火灾是完全可以预先防范的。预防火灾是做事故发生前的工作，防范工作做好了，就能够减少火灾的发生，或者一旦发生了火灾，也可以最大限度地降低火灾所造成的危害。因此，在消防管理工作中，应把预防火灾摆在首位，在防范方面下大工夫。

所谓防消结合，是指把同火灾作斗争的两个基本方面——预防和扑救两者有机地结合起来。也就是说在做好防火工作的同时，要充分做好各项灭火扑救准备工作，以便在一旦发生火灾时能够迅速有效地予以扑救，最大限度地减少火灾损失，减少人员伤亡，有效地保护公民生命、国家和公民财产的安全。

作为保证消防安全的两个基本方面，“防”和“消”是相互联系、有机结合的整体，二者相辅相成，缺一不可。防是消的先决条件，是事前的工作，事故防范工作做好了，就可以不发生或少发生事故；消是防的补救措施，是做事故后的工作，目的在于减少人员伤亡和灾害损失。“重防轻消”或“重消轻防”的观念或做法都是片面的，是不可取的。

“预防为主，防消结合”的方针，是几十年消防安全工作的经验总结，是消防管理工作必须遵循的方针，要做好建筑消防工作，就必须全面把握、准确理解和认真执行这一方针。

（二）消防工作的指导思想

消防工作的指导思想是“以人为本，科学发展”。在消防工作中坚持这一思想，就是要把人的生命和健康作为消防安全工作的根本，作为发展经济的前提和人民的最大福祉，把保护发展经济建立在保护人的生命安全、健康和人民长远利益的基础之上。在具体消防管理工作中，消防工作的指导思想体现在以下四个方面：一是在发展经济与保障安全上，要把安全放在第一位。二是在消防安全教育上，要把提高公民消防意识和素质放在第一位。三是在采取的防火安全措施上，要把保护人生命的措施放在第一位。四是在采取的灭火等救援战术和技术措施上，要把抢救和保护人的生命放在第一位。

### （三）消防工作的路线

消防工作的路线是“专门机关与群众相结合”。这是多年来我国消防工作经验的总结和升华，是由消防工作既有较强的法制性、政策性和专业技术性，又有广泛的群众性、社会性的本质所决定的。消防工作没有一支专业化的队伍，没有专门机关的管理，就会放任自流、失去控制。没有广大群众的参与，消防工作就会失去基础，丧失全社会抗御火灾的整体能力。在实际消防工作中，坚持专门机关与群众相结合的路线体现在：

一是在火灾预防方面，社会各单位和广大公民应当自觉遵守消防法规和消防安全规章制度，及时消除火灾隐患，在生产、生活和工作中牢固树立消防安全意识，懂得消防安全知识，掌握自防自救的基本技能，积极纠正和制止违反消防法规的行为。公安机关消防机构要依法进行监督管理，依法履行消防监督检查和建筑工程消防监督审核等各项法定职责，依法纠正和处罚违反消防法规的行为，努力为社会各单位和广大群众解决消防工作中遇到的问题和困难。

二是在灭火救援方面，任何人发现火灾都要立即报警，发生火灾的单位要及时组织力量扑救火灾，任何单位和个人都应当服从火场总指挥员的决定，积极参加和支援火灾扑救。火灾扑灭后，有关单位和人员应当如实提供火灾事故情况，协助公安机关消防机构调查火灾事故。公安机关消防机构及其消防队，在接到火警后必须立即迅速赶赴现场，组织扑救火灾。

三是在社会单位管理方面，应当充分发挥职工群众的作用。职工群众工作在基层第一线，对第一线情况了解得最直接、最实际、最客观，对火灾隐患的认识程度，执行消防安全规章制度的自觉程度，是决定单位能否保证消防安全的关键。因此，在消防工作中，必须宣传群众、组织群众、教育群众、充分发动和依靠群众。必须广泛开展消防安全教育，让职工群众真正认识到火灾的危害，掌握基本的火灾预防知识，自觉遵守消防法规和规章制度，及时发现火灾隐患，掌握自防自救的基本技能，积极纠正和制止违反消防法规的行为。

（四）消防工作的原则

1. 政府统一领导、部门依法监管、单位全面负责、群众积极参与的原则

《消防法》第二条规定：消防工作按照“政府统一领导、部门依法监管、单位全面负责、公民积极参与的原则，实行消防安全责任制，建立健全社会化的消防工作网络”。这个原则分别强调了政府、部门、单位和普通群众的消防安全责任，是消防工作经验和客观规律的反映。政府、部门、单位、公民都是消防工作的主体，共同构筑消防安全工作格局，任何一方都非常重要，不可偏废，这是新消防法确定的消防工作原则。

（1）政府统一领导

所谓政府统一领导，是指我国的消防安全工作由各级人民政府统一领导。国务院是我国的中央人民政府，领导全国的消防工作。各级人民政府应当把消防工作纳入国民经济和社会发展计划之中，保障消防工作与经济社会发展相适应；应当组织开展经常性的消防宣传教育，提高公民的消防安全意识；应当将包括消防安全布局、消防站、消防供水、消防通信、消防车通道、消防装备，乃至消防力量建设等内容的消防规划纳入城乡规划，并负责组织实施；地方各级人民政府应当落实消防工作责任制，对本级人民政府有关部门履行消防安全职责的情况进行监督检查等，这些都是消防法规定的各级政府统一领导消防安全工作的责任内容。

（2）部门依法监管

依法负有消防监督管理工作职责的部门，在法定的职责范围内，依照法定的程序，对消防安全实施监督管理。公安机关依法对消防工作实施监督管理，并由公安机关消防机构负责实施；政府其他部门都要在各自的职责范围内，依照消防法和其他相关法律、法规的规定做好消防工作。具有行政审批和执法职能的部门，必须依法履行职责。涉及政府有关部门自己系统和行业的，

要依据有关规定，在部署自己系统、行业工作的同时，把消防安全工作与之同部署、同检查、同落实、同考评，保证自己系统、行业的消防安全。

(3) 单位全面负责

单位是社会的基本单元，也是社会消防管理的基本单元。单位对消防安全和致灾因素的管理能力，反映了社会公共消防安全管理水平，在很大程度上决定了一个城市、一个地区的消防安全形势。单位发生不发生火灾，起决定作用的是单位自身，靠自身做好具体消防安全工作，而不是政府，也不是公安机关消防机构。因此，各单位对本单位消防安全的各个方面、各个环节，都要承担责任，确保本单位的消防安全。机关、团体、企业、事业等单位的法定代表人和消防安全管理人，应当承担起自己的主体责任，认真履行法定的消防安全职责，建立健全消防安全制度和安全操作规程，落实消防安全措施，加强对本单位人员的消防安全培训和宣传教育，积极承担维护消防安全、保护消防设施、预防火灾、报告火警和参加有组织的灭火工作的义务。

(4) 群众积极参与

公民组成了单位和家庭，同时单位和家庭又组成了社会。单位和家庭是社会的基本单元和社会基础。每位公民的消防安全做好了，那么全社会的消防安全也就有了基础和保障。所以，不论是单位还是家庭，每位公民都应当积极参与，努力做好自己身边的消防安全工作。同时，公民既是参与者，也是监督者，要监督自己周边所发现的违法行为，对违法行为要给予制止并检举揭发，以共同维护好消防安全，这是每位公民的责任和义务。公民是消防工作的基础，没有广大人民群众的参与，消防工作就不会发展进步，社会抗御火灾的基础就不会牢固。

2. “属地管理为主”的原则

所谓“属地管理为主”，是指无论什么企业或单位，其消防安全工作均由其所在地的政府为主管理，并接受所在地公安消防机关的监督。《消防法》第三条规定，地方各级人民政府负责本行政区域内的消防工作；同时，第四条还规定，县级以上地方人民政府公安机关对本行政区域内的消防工作实施监督管理。并由本级人民政府公安机关消防机构负责实施。

## 二、管理

管理是指通过计划、组织、领导、协调和控制等手段，用较少的人力、物力、财力、信息和时间等资源，以期取得较大的功效的过程。作为一种管理活动，要回答“由谁管”，“管什么”，“为何而管”，“在什么情况下管”这四个基本问题。任何管理活动都不是孤立的活动，它必须在一定的组织、环境和条件下进行。

### （一）消防安全管理

消防安全管理简称消防管理，它是指根据消防法律、法规和规章制度，遵循火灾发生发展的规律，运用科学管理的原理和方法，通过计划、组织、领导、协调和控制等手段，对人力、物力、财力、信息和时间等资源做最佳组合，以达到预期的消防安全目标而进行的各种消防活动的总和，是各级政府及其所属或所辖区域内各个单位，为使本辖区、本单位免遭火灾危害而进行的各项防火和灭火的管理活动，是政府及各个单位内部管理活动的主要内容之一。

消防安全管理关系到公共财产和公民生命、财产的安全，也关系到社会治安的稳定，因此，对于一个单位来说，是其内部安全管理的重要组成部分。各单位和全体消防安全管理人员要高度重视消防安全管理工作，采取各种措施积极预防火灾，时刻做好扑救火灾的准备工作，做到有备无患，万无一失。

消防安全管理属于社会管理的范畴，具体讲属于社会安全管理的范畴，消防监督管理包括于其中。安全管理是指具有隶属关系的领导机关对所属单位安全工作实施的管理；监督管理是指不具有隶属关系的领导机关的部门对所辖范围内单位所进行的督导性的管理。

### （二）消防监督管理

消防监督管理是指各级政府所属的公安机关消防机构根据法

律赋予的职权，依据有关消防法律、法规、规范、标准，对法律授权监督范围内的单位或个人的消防安全工作实施监察督导的管理活动。它是各级政府为了更好地实施消防安全管理，保证各项消防安全措施的落实而采取的行政干预手段。消防监督管理是政府分管部门职能之一。

《消防法》第四条规定：国务院公安部门对全国的消防工作实施监督管理。县级以上地方人民政府公安机关对本行政区域内的消防工作实施监督管理，并由本级人民政府公安机关消防机构负责实施。

（三）消防安全管理的特点

根据用火、用电的广泛性、普遍性，发生火灾的时间、地点的不确定性和火灾的破坏性等，可以将消防安全管理的特点归纳为：

1. 全方位性。在生产、生活中，可燃物、助燃剂（空气）和点火源无处不在，凡是用火的场所，凡是容易形成燃烧条件的场所，都是容易发生火灾的地方，因而，消防管理活动所涉及的空间范围具有全方位性。

2. 全天候性。人们用火、用电的广泛性、普遍性，决定了燃烧条件随时都有形成的可能，决定了火灾发生的随机性，因此，从管理的时间上看，消防管理活动任何时候都不能放松。

3. 全过程性。生产、生活的各个环节和过程都不同程度地存在发生燃烧的条件，具有发生火灾的危险，因而，从活动过程上看，各个环节和过程都少不了消防管理活动。

4. 全员性。从消防管理对象上看，消防管理的人员对象有干部，有一般员工，有男女，有老幼。在一个单位内或一个场所中，保证消防安全活动涉及所有在场人员。

5. 强制性。鉴于火灾具有很大的破坏性和危害性，因此，要采取严格的措施加以防范。为了确保消防安全，必须运用法律手段规范人们的行为，甚至给予必要的法律制裁。

（四）消防安全管理的主体及职能

1. 国家消防主管部门。国务院领导全国的消防工作，国务院公安部门对全国的消防工作实施监督管理，亦即公安部是全国消防行政管理活动的管理部门。公安部消防局是公安部的消防业务职能机构，其主要职责是拟定全国性的消防法规，组织和建设消防队伍，制定消防装备标准、消防教育和培训制度，进行火灾统计和分析，组织消防科研等，在组织上述各项工作中进行宏观规划和指导。

2. 地方人民政府。地方各级人民政府负责本行政区域内的消防工作。各级人民政府应当将消防工作纳入国民经济和社会发展计划，保障消防工作与经济社会发展相适应。各级地方人民政府是本辖区消防行政管理活动的管理主体。其主要职责是对当地的消防监督管理、消防宣传教育、火灾扑救、各种形式消防队伍建立和管理、消防设施的规划建设等工作进行组织和实施。

3. 公安消防部门。各级公安消防部门是当地人民政府公安机关的消防业务职能机构，具体负责对当地消防工作实施监督管理，是当地依法实施消防行政管理工作的管理部门。

4. 社会各单位。社会各单位的法定代表人或负责人遵照“谁主管，谁负责”的原则，全面负责本单位内部的消防安全工作，是本单位消防安全管理工作的主体。

（五）消防安全管理的原则

1. 为总体目标服务原则。为实现本单位消防安全管理的总体目标服务，是消防安全管理工作的方向性原则。

2. 消防社会化发展原则。消防工作是全社会、各单位内部的一项重要工作，必须走社会化发展的道路，实行消防社会化发展的原则。要突出单位消防安全的责任主体地位，依靠群众，提高人民群众的消防安全意识，充分发挥和调动群众参与消防的积极性和主动性。

3. 谁主管，谁负责的原则。该原则是说单位里谁主管哪项工作，谁就对那项工作中的消防安全负责。这是实施单位主体责任的核心。它的含义是，单位的法定代表人或主要负责人要对本单位的防火工作全面负责，是当然的防火责任人；分管其他工作的领导和各业务部门，要对分管业务范围内的消防工作负责，班组负责人要对本班组的消防工作负责。实行谁主管，谁负责的原则可使消防安全工作纵向上层层负责，横向上分口把关，形成纵横交错的消防安全管理网络。

4. 法制原则。该原则即依法管理原则，是指依照国家制定的消防法律、法规、技术规范和标准等，对消防事务进行规范性管理的原则。要用法律的规范力、约束力或强制力维护或保障正常的生产、生活秩序。要通过消防法制教育，使广大群众知法守法，充分发挥法律的作用。

5. 科学管理的原则。火灾的发生、发展具有一定的规律性，因而要采取与之相应的消防安全措施，才能收到实效。消防管理如果违背了规律，将是主观的、盲目的，则会一事无成，甚至会受到火灾的惩罚。此外，还要努力学习和运用管理科学的理论和方法，用先进科学技术和手段提高管理效率，不断提高消防安全管理能力和水平。

6. 综合治理原则。预防和减少火灾的发生，不能只靠某个部门或只采用某个手段来实施，必须从管理方式、管理内容、管理手段和管理对象等方面实行综合治理。

7. 消防安全投资效益原则。投入消防安全活动的一切人力、物力和财力的总和称为消防安全投资。消防安全投资是发展消防事业，提高生产、生活消防安全水平的物质保证。消防安全投资从根本上说是为生产、生活服务的，首先是为了保护人，其次是维护和保障生产、生活的安全环境。因而，消防安全投资是一种能带来经济效益和社会效益的活动。任何只重视生产投资而忽视消防安全投资的做法都是不可取的。此外，也要考虑在保证消防安全的前提下尽可能减少消防安全的投入，综合提高消防安全投资的效益。

（六）消防安全管理的方法

1. 行政方法。该方法是指依靠行政机构和领导者的职权，通过强制性的行政命令对管理对象发生影响，按行政系统来管理的方法，一般采用命令、指示、规定、指令性计划、制定规章制度等方式实施，适用范围广、适应性强。但该方法存在一些缺点，在管理中不可单一地使用，应与法律方法、宣传教育方法等结合起来使用。

2. 法律方法。该方法是以国家制定的法律、法令、条例、规定等强制性手段来处理、调解、制裁一切违反消防安全行为的一种方法。法律方法具有很大的权威性和强制性，是发挥管理作用的特殊方法。

3. 宣传教育方法。宣传教育是指利用各种信息传播手段，向被管理者传播消防法律、法规、方针、政策、任务和消防安全知识以及技能，使其树立消防安全意识和观念，实现消防安全目标的管理方法。在消防管理中，宣传教育方法是必不可少的重要方法之一。

4. 行为激励方法。行为激励是指设定一定的条件和刺激，激发人们的行为动机，以有效地达到行为目标。激励方式主要有物质激励、精神激励和参与激励等。

5. 其他方法。如：经济奖罚方法，这种方法是利用经济利益推动消防管理对象自觉自愿地开展消防工作的管理方法。咨询顾问方法，是指消防管理者借助消防专家的智慧进行分析、论证和决策的管理方法。

# 第二章 建筑消防管理法规

## 第一节 消 防 法 规 体 系

### 一、消防法规的概念

消防法规是指国家机关规定的有关消防管理的一切规范性文件的总称，是调整国家机关在消防行政管理活动中的各种社会关系以及人与自然关系的法律规范的总和。消防法律、行政法规、行政规章、地方性法规和技术标准等规范性文件，共同构成了我国的消防法规体系。

我国现行的消防法规体系为全社会开展消防工作、构建和谐社会提供了可靠的法律保障。公民、机关、团体、企业、事业单位在从事生产、工作和生活的各项活动时，都要以消防法规为准则，切实做好消防管理工作，预防火灾和减少火灾危害，确保公共财产和公民生命财产的安全。

### 二、消防法规的分类

消防法规体系大致可分为消防行政管理法规、消防技术法规、消防行政管理规范性文件三大类别。

（一）消防行政管理法规

消防行政管理法规是指国家机关为了有效地实施消防行政管理活动而制定颁布的消防法律、法规和规章等规范性文件。按照消防法规批准或颁布机关的权力大小，通常可以将消防行政管理法规分成以下五类：

1. 消防法律

消防法律是指由全国人民代表大会及其常委会制定颁布的与消防有关的各项法律，它规定了我国消防工作的宗旨、方针政策、组织机构、职责权限、活动原则和管理程序等，是用以调整机关、团体、企业、事业单位和公民之间消防关系的行为规范。

《消防法》是由全国人民代表大会常委会批准通过的，是我国消防工作的专门性法律，是消防管理的基本法律依据。从消防法规的渊源或法源上分析，我国有关消防管理的法律规范条款还散见于各类法律文件中。例如，对于违反消防管理行为的刑事处罚应该遵循《刑法》和《刑事诉讼法》中的有关条款内容；对于违反消防管理行为的行政处罚应该遵循《治安管理处罚法》、《行政处罚法》等法律文件中有关条款内容。因此，这些与消防管理内容相关的条款也可以认为是消防法律规范的范畴。另外，《安全生产法》、《行政诉讼法》、《行政复议法》、《国家赔偿法》等法律文件也是消防管理活动中应该遵循的法律依据。

2. 消防行政法规

消防行政法规由国务院批准或颁布。例如，2001 年国务院颁布实施的《关于特大安全事故行政责任追究的规定》；2002 年国务院颁布实施的《危险化学品安全管理条例》；2007 年国务院颁布实施的《生产安全事故报告和调查处理条例》；1988 年国务院颁布实施的《森林防火条例》等等。

3. 消防行政规章

消防行政规章亦称部门规章，是由国务院各部、委、局制定的法律规范性文件，由部门首长签署命令公布实施。常见的消防督理方面的部门规章有：2009 年发布实施的公安部令第 107 号《消防监督检查规定》；2009 年发布实施的公安部令第 106 号《建设工程消防监督管理规定》；2001 年发布实施的公安部令第 61 号《机关、团体、企业、事业单位消防安全管理规定》；1999 年发布实施的公安部令第 39 号《公共娱乐场所消防安全管理规定》；公安部和国家工商行政管理局联合颁布的《集贸市场消防安全管理办法》等。

4. 地方性消防法规

地方性消防法规是由省、自治区、直辖市人民代表大会及其常委会，省、自治区人民政府所在地的市和经国务院批准的较大市的人民代表大会及其常委会，根据本地的具体情况和实际需要，在遵循宪法、法律和行政法规的前提下制定的有关消防方面的规范性文件。例如：《北京市消防条例》、《上海市消防条例》等。

5. 地方性消防行政规章

地方性消防行政规章是指地方省级人民政府、省级政府所在地的市政府以及经国务院批准的较大的市的人民政府为了实施法律、行政法规、地方性法规，在自己权限范围内依法制定的规范性文件。例如：《北京市建设工程施工现场消防安全管理办法》、《北京市城镇居民住宅防火安全管理规定》、《四川省建筑装饰装修消防管理规定》、《天津市消防管理处罚办法》、《厦门市消防管理规定》等。

（二）消防技术法规

消防技术法规是各类保障消防安全的技术规范和标准的总称，是机关、团体、企业、事业单位和公民在生产、经营、运输、科研等活动中必须遵守的规范和标准，不符合消防技术规范的产品禁止生产、销售和使用。现行的消防技术法规按技术层次主要分为两个层次，即：国家标准和行业标准，其中国家标准代号为 GB。行业标准如公安部发布的有关消防产品标准，代号 GA。如果某一消防技术领域没有可以遵循的国家标准，则应以行业标准为管理依据。

消防技术法规按其调整的内容可分为消防技术规范和消防技术标准。

1. 消防技术规范

消防技术规范是由国务院主管部门单独制定或由主管部门与有关部门制定，为保证消防安全而要求必须遵循的技术标准。这类法规的专业性较强，在其使用范围内具有普遍的法律约束力。

国家工程建设消防技术规范根据其性能又可分为建筑类规范（又称综合性规范）和设备类规范（又称专业性规范）。常用的建筑类规范主要有：《建筑设计防火规范》、《高层民用建筑设计防火规范》、《人民防空工程设计防火规范》、《汽车加油加气站设计与施工规范》等。常用的设备类规范有：《自动喷水灭火系统设计规范》、《火灾自动报警系统设计规范》、《气体灭火系统施工及验收规范》等。

2. 消防技术标准

消防技术标准是由国家标准局批准颁发或由公安部批准颁发，主要用于消防产品质量监督、质量检验，以保证消防产品质量的技术规定，可分为：基础标准、固定灭火系统标准、灭火剂标准、消防车（泵）标准、消防灭火器及消防装备标准、消防电子产品标准、防火材料标准、建筑构件标准八类。

（三）消防行政管理规范性文件

消防行政管理规范性文件是指未列入消防行政管理法规范畴内的、由国家机关制定颁布的有关消防行政管理工作的通知、通告、决定、指示、命令等规范性文件的总称。所谓未列入消防行政管理法规范畴内，是指这一类规范性文件不属于法律、行政法规、行政规章、地方性法规以及地方性行政规章的范围，亦即这一类规范性文件是国家机关为了解释、说明、补充、修订消防行政管理法规而制定颁布的，并且没有经过严格的立法程序而制定颁布。例如，2004 年 4 月 28 日公安部、监察部、国家安全生产监督管理局联合下发的《关于进一步落实消防工作责任制的若干意见》的通知，2010 年 7 月 19 日国务院下发的《关于进一步加强企业安全生产工作的通知》等。

**三、消防法规的作用**

消防法规和其他法规一样，既有规范作用又有社会作用。消防法规作为调整人们消防行为的社会规范，其具体作用是：

（1）指引作用。消防法规规定人们可以怎样作为和不应该怎样作为。

（2）评价作用。消防法规具有判断、衡量他人的行为是安全或不安全，合法或不合法的评价作用。

（3）教育作用。消防法规可以教育广大群众增强法制观念，知法守法，还可以对人们起到示范的教育作用。

(4) 预测作用。消防法规还有对人们的行为进行预测的作用。人们可以根据消防法规预先估计自己或他人的行为合法或不合法，从而起到自我控制和监督作用。

(5) 强制作用。消防法规的强制作用体现在对违反法规的行为给予不同的制裁，如行政处分、行政处罚和刑事处罚等。消防法规的社会作用，集中地体现在“保卫社会主义现代化建设，保护公共财产和公民生命财产的安全”。

## 第二节 常用消防法规

### 一、《中华人民共和国消防法》

现行《中华人民共和国消防法》（简称《消防法》），于2008年10月28日由第十一届全国人民代表大会常务委员会第五次会议修订，自2009年5月1日起施行。《消防法》全文共7章74条，分为总则、火灾预防、消防组织、灭火救援、监督管理、法律责任和附则，对消防工作的各个方面都作了全面、明确的规定。它是我国消防工作的专门性法律，是消防管理的基本法律依据。

《消防法》明确提出了消防工作的目的、方针、原则以及消防安全责任制；明确了地方各级政府的消防安全职责，政府有关部门的职责，建设工程设计、施工、建设、监理等各方的职责，社会各单位的消防安全职责，公民的消防安全权利与义务；明确了消防产品监督管理制度和消防产品强制认证制度；强化了对公安机关及其消防机构依法履行职责的监督。

此外，全面规定了违法法律责任，对违反法定职责追究法律责任作出了明确的规定。一是对社会单位、公民违反消防法律规定设定了六种行政处罚：警告、罚款、没收产品和违法所得、责令停产停业（停止施工、停止使用）、责令停止执业或吊销相应资质、资格、拘留等。二是规定了公安消防机构工作人员、建设、产品质量监督、工商行政管理等工作人员在消防工作中滥用职权、玩忽职守、徇私舞弊尚不构成犯罪的，应当进行行政处分；对于构成犯罪的应当追究刑事责任。

**二、《中华人民共和国刑法》**

现行的《中华人民共和国刑法》(简称《刑法》)于1997年3月14日经第八届全国人民代表大会第五次会议修订，自1997年10月1日起施行。刑法中与消防监督管理有关的罪名及其处罚有：

（1）第115条规定的“放火罪”、“失火罪”及其处罚。

（2）第130条规定的“非法携带枪支、弹药、管制刀具、危险物品危及公共安全罪”及其处罚。

（3）第134条规定的“重大责任事故罪”及其处罚。

（4）第136条规定的“危险物品肇事罪”及其处罚。

（5）第139条规定的“消防责任事故罪”及其处罚。

（6）第146条规定的“生产、销售不符合安全标准的产品罪”及其处罚。

（7）第277条规定的“妨害公务罪”及其处罚。

（8）第397条规定的“滥用职权、玩忽职守罪”及其处罚。

**三、《中华人民共和国安全生产法》(简称《安全生产法》)**

该法于2002年6月29日经九届全国人大常委会第二十八次会议审议通过，自2002年11月1日起施行。该法的出台，是我国安全生产法制建设的一个里程碑。《安全生产法》不仅规范了生产经营单位的安全生产行为，明确了生产经营单位主要负责人的安全责任，确立了安全生产基本管理制度，为保障人民群众生命和财产安全；依法强化安全生产监督管理提供了法律依据。同时，也为依法惩处安全违法行为，强化安全生产责任追究，减少和防止生产安全事故，促进经济发展，提供了法律保证，是各级安全生产监督管理部门及其监督检查人员对安全生产实施监督监察的法律依据。

**四、《中华人民共和国治安管理处罚法》(简称《治安管理处罚法》)**

该法2005年8月28日由第十届全国人民代表大会常委会第

十七次会议通过，于2006年3月1日起施行。《治安管理处罚法》既是公安机关维护社会治安秩序、保障公共安全、保护公民合法权益的重要法律武器，是规范公安机关及公安民警依法履行治安管理职责的重要法律，也是公民约束自身行为、保护自己合法权益的重要法律规范。与消防管理有关的条款有：

(1) 第25条中“散布谣言，谎报险情、疫情、警情或者以其他方法故意扰乱公共秩序的”。

(2) 第30条中“违反国家规定，制造、买卖、储存、运输、邮寄、携带、使用、提供、处置爆炸性、毒害性、放射性、腐蚀性物质或者传染病病原体等危险物质的”。

(3) 第50条中“阻碍国家机关工作人员依法执行职务的；阻碍执行紧急任务的消防车、救护车、工程抢险车、警车等车辆通行的”。

**五、《危险化学品安全管理条例》**

该条例2002年1月9日经国务院第52次常务会议通过，自2002年3月15日起施行。《条例》对生产、经营、储存、运输、使用危险化学品和处置废弃危险化学品等作了明确、严格的规定。

**六、《关于特大安全事故行政责任追究的规定》**

2001年4月21日国务院公布了《关于特大安全事故行政责任追究的规定》，自公布之日起施行。此规定进一步明确了各级政府和主管部门及其主要领导和主管人对特大安全事故的防范、发生所承担的行政责任，规范了特大安全事故的查处工作，这是明确各级政府行政责任、有效防范特大安全事故发生、保障人民群众生命财产安全和进一步落实安全生产责任制的一项重要举措。

**七、《生产安全事故报告和调查处理条例》**

2007年4月9日国务院公布了《生产安全事故报告和调查处理条例》，自2007年6月1日起施行。此《条例》是全面、系统规范生产安全事故报告和调查处理的一部重要的行政法规，它的颁布实施为进一步强化事故责任追究提供了有力的法律保障。《条例》明确了事故报告和调查处理的体制、原则、主体、内容和程序，划分了事故等级，同时还规定了违反《条例》应该承担的法律责任，加大了对事故责任单位和责任人的惩罚力度。《条例》对进一步规范事故报告和调查处理工作、落实事故责任追究制度、预防和减少事故发生发挥关键作用。

**八、《建设工程消防监督管理规定》**

该规定经 2009 年 4 月 30 日公安部部长办公会议修订通过，自 2009 年 5 月 1 日起施行。该规定依据《中华人民共和国消防法》、《建设工程质量管理条例》制定而成，目的在于加强建设工程消防监督管理，落实建设工程消防设计、施工质量和安全责任，规范消防监督管理行为。

该规定适用于新建、扩建、改建（含室内装修、用途变更）等建设工程的消防监督管理。主要内容包括对建设、设计、施工、工程监理等单位的要求，消防设计、施工的质量责任，消防设计审核和消防验收，消防设计和竣工验收的备案抽查，执法监督和法律责任等。

**九、《消防监督检查规定》**

该规定经 2009 年 4 月 30 日公安部部长办公会议修订通过，自 2009 年 5 月 1 日起施行。该规定是依据《中华人民共和国消防法》制定的，目的是加强和规范消防监督检查工作，督促机关、团体、企业、事业等单位履行消防安全职责。

该规定适用于公安机关消防机构和公安派出所依法对单位遵守消防法律、法规情况进行消防监督检查。

**十、《机关、团体、企业、事业单位消防安全管理规定》**

该规定经 2001 年 10 月 19 日公安部部长办公会议通过，自 2002 年 5 月 1 日起施行。该规定根据《中华人民共和国消防法》制定，目的是加强和规范机关、团体、企业、事业单位自身的消防安全管理，预防火灾和减少火灾危害。

该规定适用于中华人民共和国境内的机关、团体、企业、事业单位自身的消防安全管理。主要内容包括：消防安全责任、消防安全管理、防火检查、火灾隐患整改、消防安全宣传教育和培训、灭火、应急疏散预案和演练、消防档案和奖惩等。

该规定明确了各单位是消防安全责任的主体，应实行消防安全责任人制度、逐级消防安全责任制和岗位消防安全责任制；明确了消防安全责任人以及各种负责人的消防安全职责；规定了消防安全重点单位的范围及其界定标准；明确了单位日常消防安全管理的内容和要求。各单位应以该规定为依据，制定本单位具体的消防安全管理规章制度。

**十一、《公共娱乐场所消防安全管理规定》**

该规定经 1999 年 5 月 11 日公安部部长办公会议通过，自 1999 年 5 月 25 日起施行。该规定依据《中华人民共和国消防法》制定，是加强和规范公共娱乐场所消防安全管理的重要法规文件。

该规定所称公共娱乐场所，是指向公众开放的下列室内场所：(1) 影剧院、录像厅、礼堂等演出、放映场所；(2) 舞厅、卡拉 OK 厅等歌舞娱乐场所；(3) 具有娱乐功能的夜总会、音乐茶座和餐饮场所；(4) 游艺、游乐场所；(5) 保龄球馆、旱冰场、桑拿浴室等营业性健身、休闲场所。

该规定主要内容包括：规定的适用范围；消防安全责任及其职责；建设单位与经营单位的消防安全职责；建筑防火安全要求、消防设施设置、防火安全管理等。

**十二、《火灾事故调查规定》**

修订后的《火灾事故调查规定》已经 2009 年 4 月 30 日公安部部长办公会议通过，自 2009 年 5 月 1 日起施行。该规定根据《中华人民共和国消防法》制定，目的在于规范火灾事故调查，保障公安机关消防机构依法履行职责，保护火灾当事人的合法权益。明确了调查火灾事故的主体、火灾事故调查的任务和应当坚持的原则，主要内容包括：火灾事故调查的管辖，火灾事故调查简易程序、一般程序、一般规定，火灾事故现场调查，火灾事故检验、鉴定，火灾损失统计，火灾事故认定、复核，火灾事故调查的处理等。

**十三、《仓库防火安全管理规则》**

该规则经1990年3月22日公安部部务会议通过，1990年4月10日发布施行。该规则对于加强仓库消防安全管理，保护仓库免受火灾危害具有重要作用。内容包括：总则、组织管理、储存管理、装卸管理、电器管理、火源管理、消防设施和器材管理、奖惩等。

**十四、《建筑设计防火规范》**

制定该规范的目的是：预防建筑火灾，减少火灾危害，保护人身和财产安全。本规范适用于下列新建、扩建和改建的建筑：(1) 厂房；(2) 仓库；(3) 甲、乙、丙类液体储罐（区）；(4) 可燃、助燃气体储罐（区）；(5) 可燃材料堆场；(6) 民用建筑；(7) 城市交通隧道。不适用于炸药厂房（仓库）、花炮厂房（仓库）的建筑防火设计。人民防空工程、石油和天然气工程、石油化工企业、火力发电厂与变电站等的建筑防火设计，当有专门的国家现行标准时，宜从其规定。

该规范主要内容包括：厂房和仓库防火设计，甲、乙、丙类液体、气体储罐（区）和可燃材料堆场防火设计，民用建筑防火设计，建筑防火构造，消防救援设施，消防设施设置场所，消防给水系统设计，防烟和排烟系统设计，采暖、通风和空气调节防火设计，电气防火与火灾自动报警系统设计等。

在火灾类型中，建筑火灾占大多数；在火灾损失中，建筑烧毁造成的损失占相当大的比重。因此，要高度重视建筑防火工作。建筑设计防火规范是预防建筑火灾发生和控制建筑火灾发展蔓延的设计准则和标准。贯彻落实好该规范，就可以从根本上保证建筑的消防安全。各单位不仅在新建、扩建和改建中应按该规定进行设计和施工，而且在平时的消防安全管理中也应保持和维护好建筑防火技术措施，不可随意破坏原有的设计要求和消防设施。

**十五、《建筑内部装修设计防火规范》**（GB 50222—95）

该规范先后于1999年、2001年经有关部门局部修订。该规范是通用防火规范，适用于民用建筑和工业厂房的内部装修设计，不适用于古建筑和木结构的内部装修设计。主要内容包括：装修材料的分类和燃烧性能分级，民用建筑装修设计防火一般要求，单层、多层民用建筑内部装修设计防火，高层民用建筑内部装修设计防火，地下民用建筑以及工业厂房内部装修设计防火。

**十六、《自动喷水灭火系统设计规范》**（GB 50084—2001，2005年版）

该规范适用于新建、改建、扩建的民用与工业建筑中自动喷水灭火系统的设计，不适用于火药、炸药、弹药、火工品工厂、核电站及飞机库等特殊功能建筑中自动喷水灭火系统的设计。该规范主要内容包括：设置场所火灾危险等级，系统选型，设计基本参数，系统组件，喷头布置，管道，水力计算，供水，操作与控制，局部应用系统等。

**十七、《火灾自动报警系统设计规范》**（GB 50116—98）

该规范适用于工业与民用建筑内设置的火灾自动报警系统，不适用于生产和贮存火药、炸药、弹药、火工品等场所设置的火灾自动报警系统。该规范主要内容包括：系统保护对象分级及火灾探测器设置部位，报警区域和探测区域的划分，系统设计，消防控制室和消防联动控制，火灾探测器的选择，火灾探测器和手动火灾报警按钮的设置，系统供电，布线等。

**十八、《建筑灭火器配置设计规范》**（GB 50140—2005）

制定该规范的目的在于合理配置建筑灭火器（以下简称灭火器），有效地扑救工业与民用建筑初起火灾，减少火灾损失，保护人身和财产的安全。

该规范适用于生产、使用或储存可燃物的新建、改建、扩建的工业与民用建筑工程；不适用于生产或储存炸药、弹药、火工品、花炮的厂房或库房。主要内容包括：灭火器配置场所的火灾种类和危险等级，灭火器的选择，灭火器的设置，灭火器的配置和灭火器配置设计计算等。

**十九、《爆炸和火灾危险环境电力装置防火规范》**（GB 50058—92）

该规范为国家标准，由化工部制定、建设部批准，于 1992 年 12 月 1 日起施行。

该规范适用于在生产、加工、处理、转运或储存过程中出现或可能出现爆炸和火灾危险环境的新建、扩建和改建工程的电力设计。不适用于矿井井下；制造、使用或储存爆炸性物质（如火药、炸药和起爆药等）的环境；蓄电池室；在其中使用强氧化剂（如氧、臭氧等）以及不用外来点火源就能自行起火的物质（如金属钠、钾，黄磷等）的环境；水、陆、空交通运输工具及海上油井平台。

主要内容包括：气体或蒸气爆炸危险环境和粉尘爆炸危险环境的危险区域的划分和范围，产生爆炸的条件及其防止措施；爆炸危险环境的电气装置的选型和要求；火灾危险区域的划分，火灾危险环境的电气装置的选型和要求等。

**二十、《人员密集场所消防安全管理》**（GA 654—2006）

制定该标准的目的是，规范人员密集场所自身消防安全管理行为，建立消防安全自查，火灾隐患自除，消防责任自负的自我管理与约束机制，以防止火灾发生、减少火灾危害，保障人身和财产安全。

该标准提出了人员密集场所使用和管理单位的消防安全管理要求和措施，适用于各类人员密集场所及其所在建筑的消防安全管理。

人员密集场所，是指人员聚集的室内场所，如：宾馆、饭店等旅馆，餐饮场所，商场、市场、超市等商店，体育场馆，公共展览馆、博物馆的展览厅，金融证券交易场所，公共娱乐场所，医院的门诊楼、病房楼，老年人建筑、托儿所、幼儿园，学校的教学楼、图书馆和集体宿舍，公共图书馆的阅览室，客运车站、码头、民用机场的候车、候船、候机厅（楼），人员密集的生产加工车间、员工集体宿舍等。

该标准主要内容包括：人员密集场所消防安全责任和职责，消防组织，消防安全制度和管理，消防安全措施，灭火和应急疏散预案编制和演练，火灾事故处置与善后等。

**二十一、《重大火灾隐患判定方法》**（GA 653—2006）

该标准以保护公民人身和公私财产的安全为目标，为公民、法人、其他组织和公安消防机构提供了科学判定重大火灾隐患的方法，也为消防安全评估提供了依据。适用于在用工业与民用建筑（包括人民防空工程）及相关场所因违反或不符合消防法规而形成的重大火灾隐患的判定。

该标准规定了重大火灾隐患的判定原则，提供了重大火灾隐患的判定方法，明确了相关概念，如重大火灾隐患、易燃易爆化学物品场所、重要场所等，规定了重大火灾隐患直接判定、重大火灾隐患的综合判定的要素、规则和步骤等内容。

**二十二、《消防产品现场检查判定规则》**（GA 588—2005）

该标准为中华人民共和国公共安全行业标准，依据《消防法》、《产品质量法》、《中华人民共和国认证认可条例》和公安部、国家质检总局有关消防产品监督管理的规定制定而成。适用于消防产品监督管理部门对销售、贮存、运输、安装、维修和在用消防产品的现场检查。标准的发布实施，对提高消防产品监督检查工作的质量，及时发现和查处假冒伪劣产品，建立良好的消防产品市场秩序将发挥重要作用。

该标准明确了检查的定义和检查要求，对适用于现场检查的消防产品，规定了市场准入检查、产品一致性检查和现场产品性能检测的检查项目、技术要求和判定规则等内容，为消防产品现场检查判定提供技术依据。

**二十三、《关于进一步落实消防工作责任制的若干意见》**

2004 年 4 月 28 日公安部、监察部、国家安全生产监督管理局联合下发了《关于进一步落实消防工作责任制的若干意见》的通知，进一步明确了各级人民政府、公安消防机构、社会各单位在消防管理工作中各自应承担的责任和义务。该意见是根据《中华人民共和国消防法》、《中华人民共和国安全生产法》和《国务院关于特大安全事故行政责任追究的规定》等法律、行政法规的规定，经国务院同意提出的，其目的在于切实加强消防工作，落实责任制，有效遏制重特大火灾尤其是群死群伤火灾事故的发生。该意见以通知的形式印发，属于消防行政管理规范性文件。

**二十四、《关于进一步加强企业安全生产工作的通知》**

为进一步加强安全生产工作，全面提高企业安全生产水平，遏制非法违法生产现象严重、重特大事故多发频发的现象，2010年7月19日国务院下发了《关于进一步加强企业安全生产工作的通知》。该通知内容主要包括：加强安全生产工作总体要求、严格企业安全管理、建设坚实的技术保障体系、实施更加有力的监督管理、建设更加高效的应急救援体系、严格行业安全准入、加强政策引导、更加注重经济发展方式转变、实行更加严格的考核和责任追究。该通知属于消防行政管理规范性文件。通知要求各地区、各部门和各有关单位要做好对加强企业安全生产工作的组织实施，制定部署本地区本行业贯彻落实本通知要求的具体措施，加强监督检查和指导，及时研究、协调解决贯彻实施中出现的突出问题。该通知属于消防行政管理规范性文件。

## 第三节　违反消防法规应承担的法律责任

### 一、违反消防法规的刑事责任

公民、法人或者其他组织违反了消防法规，就应当承担相应的法律责任。违反消防管理的法律责任通常有消防刑事责任、消防行政责任和消防民事责任三种。《消防法》第72条对于构成犯罪的行为作出了原则性规定：“违反本法规定，构成犯罪的，依法追究刑事责任。”《刑法》是以国家名义颁布的，规定犯罪及其法律后果（主要是刑罚）的法律规范的总和。刑法中有三个准则，即：罪刑法定原则、平等适用刑法原则、罪刑相适应原则。

（一）消防刑事责任

1. 失火罪

《刑法》第115条规定，“放火、爆炸、投毒或者以其他危险方法致人重伤、死亡或者使公私财产遭受重大损失的，处十年以上有期徒刑、无期徒刑或死刑。

过失犯前款罪的，处三年以上七年以下有期徒刑；情节较轻的，处三年以下有期徒刑或者拘役。”

失火罪即《刑法》第115条第二款规定的由于过失引起火灾致人重伤、死亡或者使公私财产遭受重大损失的行为。失火罪的主体为一般主体；侵犯的客体是公共安全，即不特定多人的生命、健康和重大公私财产安全；主观方面是过失，是由于行为人疏忽大意或过于自信；客规方面必须是造成危害公共安全的严重后果的行为。失火罪一般是指日常生活中用火不慎造成火灾的行为。如将抽剩的烟头扔在山上，结果造成山林火灾；或者在住宅内使用电炉，没有看管好，造成火灾等等。

2. 消防责任事故罪

《刑法》第139条规定：“违反消防管理法规，经消防监督机构通知采取改正措施而拒绝执行，造成严重后果的，对直接责任人员，处三年以下有期徒刑或者拘役；后果特别严重的，处三年以上七年以下有期徒刑。”

消防责任事故罪即《刑法》第139条规定的犯罪行为。本罪的犯罪主体是一般主体；在主观方面行为人对“拒绝执行”是故意的，对“拒绝执行”而造成的严重后果的发生是出于过失；侵犯的客体是国家的消防管理制度；客观方面表现为行为人违反消防管理法规经消防监督机构通知采取改正措施而拒绝执行，造成严重后果的行为。

“违反消防管理法规”主要是指违反国家有关消防方面的法律法规以及国家有关主管部门为保障消防安全所作的有关规定。“消防监督机构”，即《消防法》规定的公安机关消防机构。

（二）消防监督相关刑事责任

1. 非法携带枪支、弹药、管制刀具、危险物品危及公共安全罪

非法携带枪支、弹药、管制刀具、危险物品危及公共安全罪，是指违反国家有关管理规定，非法携带枪支、弹药、管制刀具或者爆炸性、易燃性、放射性、毒害性、腐蚀性物品，进入公共场所或者公共交通工具，情节严重，危及公共安全的行为。本罪侵犯客体是公共安全及国家对枪支、弹药、管制刀具、危险物品的管理制度。

根据《刑法》第130条的规定，犯本罪的，处三年以下有期徒刑、拘役或管制。

2. 重大责任事故罪

重大责任事故，是指工厂、矿山、林场、建筑企业或者其他企业、事业单位的职工，由于不服管理，违反规章制度，或者强令工人违章冒险作业，因而发生重大伤亡事故或者造成其他严重后果，危害公共安全的行为。

本罪侵犯的客体是公共安全；客观方面表现为不服管理，违反规章制度，或者强令工人违章冒险作业，因而发生重大伤亡事故或者造成其他严重后果的行为。犯罪主体是特殊主体，即工厂、矿山、林场、建筑企业或者其他企业、事业单位的职工。主观方面是过失，所谓过失是就行为人对所发生的后果而言，而行为人对于违反规章制度则是明知的。

3. 危险物品肇事罪

危险物品肇事罪，是指违反爆炸性、易燃性、放射性、毒害性、腐蚀性物品的管理规定，在生产、存储、运输、使用中发生重大事故，造成严重后果，危害公共安全的行为。

根据《刑法》第136条的规定，犯本罪的，处三年以下有期徒刑或者拘役；后果特别严重的，处三年以上七年以下有期徒刑。

4. 生产、销售不符合安全标准的产品罪

生产、销售不符合安全标准的产品，是指违反国家产品质量法规，生产不符合保障人身、财产安全的国家标准、行业标准的电器、压力容器、易燃易爆产品或者其他不符合保障人身财产安全的国家标准、行业标准的产品，或者销售明知是以上不符合保障人身财产安全的国家标准、行业标准的产品，造成严重后果的行为。本犯罪的客体是复杂客体，既包括国家对生产、销售电器、压力容器、易燃易爆产品以及其他产品质量的监督管理制度，又包括公民的生命健康、公私财产安全不受侵害的权利。

5. 妨害公务罪

妨害公务罪，是指以暴力、威胁方法阻碍国家机关工作人员依法执行职务，阻碍人民代表大会代表依法执行代表职务，阻碍红十字会工作人员依法履行职责的行为，或者故意阻碍国家安全机关、公安机关依法执行国家安全工作任务，未使用暴力、威胁方法，造成严重后果的行为。

本犯罪的客体是国家机关工作人员依法执行职务活动。犯罪主体是一般主体；主观方面是故意，即明知是正在依法执行职务的人员，而以暴力、威胁或者其他方法阻碍，希望迫使其停止执行职务或者改变执行职务。

根据《刑法》第277条的规定，犯本罪的处三年以下有期徒刑、拘役、管制或者罚金。

6. 滥用职权、玩忽职守罪

滥用职权罪，是指国家机关工作人员滥用职权，致使公共财产、国家和人民利益遭受重大损失的行为。本罪侵犯的客体是国家机关的正常管理活动。客观方面表现为滥用职权，致使公共财产和人民利益遭受重大损失的行为。所谓滥用职权，是指超越职权的范围或者违背法律授权的宗旨，违反程序不当行使职权。犯罪主体是特殊主体，即国家机关工作人员。行为人滥用职权的行为是故意的，但对损害结果的发生是过失的，即行为人应当预见自己滥用的行为可能致使公共财产、国家和人民利益遭受重大损失，或者已经预见而轻信能够避免，以致重大损失发生的严重不负责任的心理态度。

玩忽职守罪，是指国家机关工作人员严重不负责任，不履行或者不正确履行职责，致使公共财产、国家和人民的利益遭受重大损失的行为。玩忽职守的主观方面表现为马虎草率、敷衍塞责等对工作严重不负责任的态度，行为人对玩忽职守行为本身可能是有意也可能是无意的。

**二、违反消防法规的行政责任**

行政法是调整由于国家行政管理活动发生的行政关系的法律规范的总和。为保证各项消防行政措施和技术措施的落实，公安机关消防机构需要根据法律所赋予的权力，运用必要的行政手段。行政处罚是承担行政责任的具体形式。消防行政处罚就是通过处罚，教育违反消防管理的行为人，制止和预防违反消防管理行为的发生，以加强消防管理，维护社会秩序和公共消防安全。

（一）消防行政违法案件的概念和特征

消防行政违法案件是指单位、个人违反消防法律、法规和规章，扰乱消防管理秩序，危害公共安全或者造成火灾事故但尚未构成犯罪，应当给予消防行政处罚，并由公安机关消防机构依法予以查处的法律事实。这类案件具有如下特征：

（1）违法行为人包括各类单位和个人。消防违法行为人主要是机关、团体、企业、事业单位、住宅区管理单位、居民委员会、村民委员会，也包括公民个人。单位违法行为，在对单位进行处罚的同时，相关责任人员也应承担相应法律责任。

（2）违法行为人主观上有过错。大多数情况下，违法行为人违反消防法律法规是明知故犯，也有部分是对相关法律法规不了解、不清楚而造成火灾尚未发生严重后果的，其主观方面是过失。

（3）违法行为客观上主要表现为违反消防法律法规，危害公共安全。一般情况下，只要有违反消防法律法规的行为，即属消防行政违法案件。所谓对公共安全的危害，不一定是现实危害，有的只是一种可能。另外，过失造成火灾，尚未发生严重后果的，应当作为行政案件处理。

（二）消防行政责任

为加强消防监督管理工作，依法惩处危害消防安全的行为，维护公共安全，《消防法》在修订中强化了有关法律责任的规定，对违反《消防法》规定，尚不构成犯罪的行为，设立了警告、罚款、拘留、责令停产停业（停止施工、停止使用）、没收违反所得、责令停止执业（吊销相应资质、资格）六类行政处罚。按照行政管理范围可作如下分类。

1. 建设工程消防监督管理方面的消防行政处罚规定

《消防法》第 58 条规定，“违反本法规定，有下列行为之一的，责令停止施工、停止使用或者停产停业，并处三万元以上三十万元以下罚款：

（1）依法应当经公安机关消防机构进行消防设计审核的建设工程，未经依法审核或者审核不合格，擅自施工的；

（2）消防设计经公安机关消防机构依法抽查不合格，不停止施工的；

（3）依法应当进行消防验收的建设工程，未经消防验收或者消防验收不合格，擅自投入使用的；

（4）建设工程投入使用后经公安机关消防机构依法抽查不合格，不停止使用的；

（5）公众聚集场所未经消防安全检查或者经检查不符合消防安全要求，擅自投入使用、营业的。

建设单位未依照本法规定将消防设计文件报公安机关消防机构备案，或者在竣工后未依照本法规定报公安机关消防机构备案的，责令限期改正，处五千元以下罚款。”

《消防法》第 59 条规定，“违反本法规定，有下列行为之一的，责令改正或者停止施工，并处一万元以上十万元以下罚款：

（1）建设单位要求建筑设计单位或者建筑施工企业降低消防技术标准设计、施工的；

（2）建筑设计单位不按照消防技术标准强制性要求进行消防设计的；

（3）建筑施工企业不按照消防设计文件和消防技术标准施工、降低消防施工质量的；

（4）工程监理单位与建设单位或者建筑施工企业串通，弄虚作假，降低消防施工质量的。”

2. 消防监督检查方面的消防行政处罚规定

《消防法》第60条规定，“单位违反本法规定，有下列行为之一的，责令改正，处五千元以上五万元以下罚款：

（1）消防设施、器材或者消防安全标志的配置、设置不符合国家标准、行业标准，或者未保持完好有效的；

（2）损坏、挪用或者擅自拆除、停用消防设施、器材的；

（3）占用、堵塞、封闭疏散通道、安全出口或者有其他妨碍安全疏散行为的；

（4）埋压、圈占、遮挡消火栓或者占用防火间距的；

（5）占用、堵塞、封闭消防车通道，妨碍消防车通行的；

（6）人员密集场所在门窗上设置影响逃生和灭火救援的障碍物的；

（7）对火灾隐患经公安机关消防机构通知后不及时采取措施消除的。

个人有前款第二项、第三项、第四项、第五项行为之一的，处警告或者五百元以下罚款。

有本条第一款第三项、第四项、第五项、第六项行为，经责令改正拒不改的，强制执行，所需费用由违法行为人承担。”

《消防法》第61条规定，“生产、储存、经营易燃易爆危险品的场所与居住场所设置在同一建筑物内，或者未与居住场所保持安全距离的，责令停产停业，并处五千元以上五万元以下罚款。

生产、储存、经营其他物品的场所与居住场所设置在同一建筑物内，不符合消防技术标准的，依照前款规定处罚。”

《消防法》第67条规定，“机关、团体、企业、事业等单位违反本法第16条、第17条、第18条、第21条第二款规定的，责令限期改正；逾期不改正的，对其直接负责的主管人员和其他直接责任人员依法给予处分或给予警告处罚。”

3. 消防产品质量监督管理方面的消防行政处罚规定

《消防法》第65条规定，“违反本法规定，生产、销售不合格的消防产品或者国家明令淘汰的消防产品的，由产品质量监督部门或者工商行政管理部门依照《中华人民共和国产品质量法》的规定从重处罚。

人员密集场所使用不合格的消防产品或国家明令淘汰的消防产品的，责令限期改正；逾期不改正的，处五千元以上五万元以下罚款，并对其直接负责的主管人员和其他直接责任人员处五百元以上两千元以下罚款；情节严重的，责令停产停业。

公安机关消防机构对于本条第二款规定的情形，除依法对使用者予以处罚外，应当将发现不合格的消防产品和国家明令淘汰的消防产品的情况通报产品质量监督部门、工商行政管理部门。产品质量监督部门、工商行政管理部门应当对生产者、销售者依法及时查处。”

4. 易燃易爆危险物品消防监督管理方面的消防行政处罚规定

《消防法》第63条规定：违反本法规定，有下列行为之一的，处警告或者五百元以下罚款；情节严重的，处五日以下拘留：

(1) 违反消防安全规定进入生产、储存易燃易爆危险品场所的；

(2) 违反规定使用明火作业或者在具有火灾、爆炸危险的场所吸烟、使用明火的。

5. 对人员密集场所现场工作人员不履行义务的消防行政处

罚规定

《消防法》第68条规定，“人员密集场所发生火灾，该场所的现场工作人员不履行组织、引导在场人员疏散的义务，情节严重，尚不构成犯罪的，处五日以上十日以下拘留。”

6. 对消防技术服务机构管理的消防行政处罚规定

《消防法》第69条规定，“消防产品质量认证、消防设施检测等消防技术服务机构出具虚假文件的，责令改正，处五万元以上十万元以下罚款，并对直接负责的主管人员和其他直接责任人员处一万元以上五万元以下罚款；有违法所得的，并处没收违法所得；给他人造成损失的，依法承担赔偿责任；情节严重的，由原许可机关依法责令停止执业或者吊销相应资质、资格。

前款规定的机构出具失实文件，给他人造成损失的，依法承担赔偿责任；造成重大损失的，由原许可机关依法责令停止执业或者吊销相应资质、资格”。

7. 对有关职能部门工作人员不依法履职的行政处分规定

《消防法》第71条规定，“公安机关消防机构的工作人员滥用职权、玩忽职守、徇私舞弊，有下列行为之一，尚不构成犯罪的，依法给予处分：

（1）对不符合消防安全要求的消防设计文件、建设工程、场所准予审核合格、消防验收合格、消防安全检查合格的；

（2）无故拖延消防设计审核、消防验收、消防安全检查，不在法定期限内履行审批职责的；

（3）发现火灾隐患不及时通知有关单位或者个人整改的；

（4）利用职务为用户、建设单位指定或者变相指定消防产品的品牌、销售单位或者消防技术服务机构、消防设施施工单位的；

（5）将消防车、消防艇以及消防器材、装备和设施用于与消防和应急救援无关的事项的；

（6）其他滥用职权、玩忽职守、徇私舞弊的行为。

建设、产品质量监督、工商行政管理等其他有关行政主部门的工作人员在消防工作中滥用职权、玩忽职守、徇私舞弊，尚不构成犯罪的，依法给予处分。”

**三、违反消防法规的民事责任**

按照法律规定，违反消防法规造成损害的，是一种民事侵权行为，还应当承担相应的民事责任。在违反消防管理规定的行为中，绝大部分都有可能造成民事侵权后果。我国宪法规定：国家有保护人民生命财产安全的职能。公民个人不得因自己的行为侵犯他人的人身权利和财产权利。如果侵权行为造成人身伤害或财产损失就是违反民事义务，就必须承担民事责任。《民法通则》第106条第二款规定：公民、法人由于过错侵害国家的、集体的财产，侵害他人财产、人身的，应当承担民事责任。根据最高人民法院发布，2001年3月10日起施行的《关于确定民事侵权精神损害赔偿若干问题的解释》第7条的规定，受火灾致死受害人还有权获得精神赔偿。消防相关民事责任有：

（一）建设工程各方的责任

《消防法》第9条规定，“建设工程的消防设计、施工必须符合国家工程建设消防技术标准。建设、设计、施工、监理等单位依法对建设工程的消防设计、施工质量负责。在项目建设中各方均承担相应责任：

（1）建设单位作为工程项目建设过程的总负责方，应当承担依法向公安机关消防机构申请建设工程消防设计审核、消防验收或者备案并接受消防监督检查，以合同约定设计、施工、工程监理单位执行消防法律法规和国家工程建设消防技术标准的责任，将实行工程监理的建设工程的消防施工质量一并委托监理，选用符合国家规定资质条件的消防设施设计、施工单位，选用合格的消防产品和建筑材料等责任。不得指使或者强令设计、施工、工程监理等有关单位和人员违反消防法规和国家工程建设消防技术标准，降低建设工程消防设计、施工质量。

（2）设计单位应当对其消防设计质量负责，提交的消防设计文件应当符合国家建设消防技术标准，承担科学设计、解释设计文件的责任。

（3）施工单位应当对其消防施工质量负责，保证工程施工的全过程和工程的实物质量符合国家工程建设消防技术标准和消防设计文件的要求。此行为中建设单位与施工单位之间是发包人与承包人的民事合同关系。

（4）工程监理单位代表建设单位对施工质量实施监理，对施工质量承担监理责任。必须严格依照消防设计文件和建设工程承包合同实施工程监理，不得同意使用或者安装不合格的消防产品和建筑材料。此行为中工程监理单位与建设单位之间是代理与被代理的民事关系。

以上一方或各方若产生违法行为，除应依法承担行政责任外，还应承担其违反合同约定所产生的违约责任，如采取补救措施、赔偿损失等。”

### （二）消防技术服务机构的责任

《消防法》第 34 条规定，消防产品质量认证、消防设施检测、消防安全监测等消防技术服务机构和执业人员，应当依法获得相应的资质、资格；依照法律、行政法规、国家标准、行业标准和执业准则，接受委托提供消防安全技术服务，并对服务质量负责。

消防技术服务机构在具备相应专业技术、资质、资格的基础上，经行业管理部门核准后执业。其依照法律、行政法规、国家标准、行业标准和执业准则，基于委托合同提供专业消防服务。如果消防技术服务机构不履行职责，在执业过程中出具虚假、失实的文件，除应承担罚款、没收违法所得、吊销资质等行政处罚外，还应承担其违反合同约定所产生的违约责任，如赔偿损失等。

### （三）火灾损失引发的责任

《消防法》第 5 条规定，任何单位和个人都有维护消防安全，保护消防设施、预防火灾、报告火警的义务。任何单位和成年人都有参加有组织的灭火工作的义务。

在生产、经营过程中不按安全操作规程操作，不遵守消防规章制度，在生活中不注意用火用电安全等不良习惯，都可能引起火灾，甚至造成群死群伤的恶性后果。如果因为未履行预防火灾的义务而引起火灾，造成他人的人身安全和财产受到损害的，除应承担相关法律责任外，还应就实施的侵权行为给他人造成财产或人身损害给予赔偿。

# 第三章　消防安全责任制和管理职责

## 第一节　消防安全责任制

### 一、消防安全责任制的概念

消防安全责任制就是要求各级人民政府、各机关、团体、企业、事业单位和个人在经济和社会生产、生活活动的消防工作中依照法律规定，各负其责的责任制度。确定消防安全责任人，是实行防火责任制的具体形式。

《消防法》第2条明确规定，消防工作实行消防安全责任制。第16条规定，机关、团体、企业、事业等单位应当履行落实消防安全责任制的职责。第52条规定，地方各级人民政府应当落实消防工作责任制，对本级人民政府有关部门履行消防安全职责的情况进行监督检查。

实行消防安全责任制是我国消防工作的根本制度，是消防工作改革实践经验的总结。大量实践证明，消防安全责任制是一项十分必要，而且行之有效的火灾预防制度，也是落实各项火灾预防措施、制度的重要保障。实行消防安全责任制，确定本单位和所属部门、岗位的消防安全责任人，既是法律对社会各单位消防安全的责任要求，也是各机关、团体、企业、事业单位做好自身消防安全工作的必要保障。对于一个单位来说，只要消防安全责任人明确，职责清楚，消防安全责任制落实得好，消防工作就会层层有人抓，处处有人管。

### 二、制定消防安全责任制的原则

(1)《消防法》第16条规定，机关、团体、企业、事业等单位的主要负责人是本单位的消防安全责任人。在法定代表人或主要负责人全面负责本单位消防安全管理工作的前提下，要落实逐级消防安全责任制和岗位消防安全责任制，明确逐级和岗位消防安全职责，并确定各级、各岗位的消防安全责任人，对本级、本岗位的消防安全负责，以建立起单位内部自上而下的层层负责的责任人制度。

(2) 为加强责任制的针对性，各个单位、部门和岗位要认真分析责任范围内的火险因素和条件，按照排列结果，理出内容顺序，定工作，定责任，定要求。作为岗位消防安全责任制，其内容主要包括遵守劳动纪律，遵守安全操作规程，正确操纵设备和工具，做好机器设备的维护和保养，管理好原材料和产品，控制好事故点和危险点。

(3) 建立健全岗位防火责任制要根据不同的岗位情况，从实际情况出发，依靠群众，采取领导干部、技术人员和职工三结合的方法认真总结生产实践经验，反映客观固有规律，不断修改和完善责任制。

(4) 岗位消防责任制要和本单位内部的经济责任制结合起来，把每个岗位的责任、考核标准、经济效益同职工的切身利益挂起钩来，根据完成任务的好坏，做到有奖有罚。

(5) 在撰写消防安全责任制的内容时，应简明扼要，易懂易记，但要求具体、清楚，不宜过于原则。

**三、消防安全责任制的形式**

依法履行消防安全责任制，不仅需要各级政府、各部门、各单位、各岗位消防安全责任人对自己承担的防火安全责任明确，思想重视，付诸实施，而且要求建立一定的制约机制，保障消防安全责任制正常运行，强化消防安全责任制落实。这种制约机制一般采取如下两种形式：

(1) 签订消防安全目标责任状。就是将法律赋予单位或消防安全责任人的消防安全责任，结合本地区、本部门、本单位、本岗位的消防工作实际，化解为年度消防安全实现目标。在上级政府与下级政府之间，上级部门与下级部门之间，单位内部上下级之间，层层签订消防安全目标责任状。

(2) 进行消防安全责任制落实情况评估。就是按照级别层次，组织专家对消防安全责任制落实情况进行评估考核。

**四、落实消防安全责任制的措施**

(1) 把责任状中规定的消防安全目标落实情况或评估结果，作为评价一级政府、一个部门、一个单位或消防安全责任人的政绩依据之一。

(2) 把责任状中规定的消防安全目标落实情况或评估结果，作为评比先进、晋升的条件，实行一票否决制。例如，对消防安全责任制不落实，重大火灾隐患整改不力或发生重大火灾的，不能评比先进，消防安全责任人不应晋级提升职务。

(3) 把责任状中规定的消防安全目标落实情况或评估结果，作为奖惩的依据。对消防安全责任制落实，消防安全工作做得好的单位或个人，应给予荣誉的或经济的奖励，做得不好的应通报批评，扣发奖金或予以处罚。

要通过以上形式或措施，强化消防安全责任制的落实，促使大家自觉地规范自身的消防安全行为，履行消防安全职责，做好消防工作。

## 第二节　单位消防安全管理组织和人员职责

**一、消防管理组织的概念**

组织是人们为了实现一定的目标，互相结合、指定职位、明确责任分工合作、协调行动的人工系统及其运转过程。

组织的含义中包含有四层意思，即组织必须具有明确的目标；组织内部必须有适当的分工与协作；组织内部要有不同层次的权力和责任；组织内部要设立必要的部门机构，对其活动中所需的资源进行合理配置，以保证其正常运转。

组织主要的职能是：(1) 计划。为实现目标而确定需要做什么，以及如何去做。(2) 组织。为实现目标而建立具有相应职责的机构，以及选择和培训人员。(3) 指挥。包括对下层的行动进行领导、监督和激励。(4) 控制。使工作实施的结果始终不偏离或保持在规定的目标范围之内。(5) 协调。使各部门之间以及内部与外部之间和各人员之间的工作协调一致。

消防管理组织和人员是实施消防管理的必要的组织条件，是实施消防管理活动的主体，是提升消防管理工作效率、完成消防管理工作任务、实现消防管理目标最重要的前提条件。机关、团体、企业、事业单位的消防组织主要有单位消防管理组织机构（如单位防火安全委员会，部门防火安全领导小组等）、专职消防队、志愿消防队等。建立和健全机关、团体、企业、事业单位消防组织，选配好消防管理人员是搞好本单位消防管理的重要保证。

## 二、单位的消防安全职责

机关、团体、企业、事业等单位是组成社会的基本单元，国家制定的消防法律法规和消防技术标准，最终都需要在每个具体的单位中去落实。只有社会各个单位切实履行消防安全职责，落实消防安全管理措施，火灾危害才能够得到有效的控制。就具体单位而言，消防安全管理与生产、经营等其他工作一样，都是单位应当自觉考虑和安排的事情，并依法承担相应的责任。因此，每一个单位都是自身消防安全的责任主体，而且这种主体地位和作用是政府和监督机关所无法替代的。

### （一）一般单位消防安全职责

根据《消防法》第 16 条的规定，机关、团体、企业、事业等单位应当履行下列消防安全职责：

(1) 落实消防安全责任制，制定本单位的消防安全制度、消防安全操作规程，制定灭火和应急疏散预案。

各单位要建立和落实逐级消防安全责任制和岗位消防安全责任制，确定各级各岗位的消防安全责任人，对本级、本岗位的消防安全负责，层层落实消防安全责任。

单位消防安全制度主要包括：消防安全教育、培训；防火巡查、检查；安全疏散设施管理；消防（控制室）值班；消防设施、器材维护管理；火灾隐患整改；用火、用电安全管理；易燃易爆危险物品和场所防火防爆；专职和义务消防队的组织管理；灭火和应急疏散预案演练；燃气和电气设备的检查和管理（包括防雷、防静电）；消防安全工作考评和奖惩等内容。

单位的消防安全操作规程，是指为了确保消防安全，结合单位实际而制定的生产、经营、储运、科研等过程中的操作要求。

单位制定的灭火和应急疏散预案，主要内容一般应当包括：各级各岗位人员职责分工，人员疏散疏导路线，以及其他特定的防火灭火措施和应急措施等。制定灭火和应急疏散预案，是应对火灾风险、加强应急管理的必然要求。

（2）按照国家标准、行业标准配置消防设施、器材，设置消防安全标志，并定期组织检验、维修，确保完好有效。

消防设施一般是指固定的消防系统和设备，包括火灾自动报警系统、自动灭火系统、消火栓系统、防排烟系统以及安全疏散设施等。消防器材是指移动的灭火器材、自救逃生器材，如灭火器、防烟面罩、缓降器等。消防安全标志是指用以表达与消防有关的安全信息的图形符号或者文字标志，包括火灾报警和手动控制的标志、火灾时疏散途径的标志、灭火设备的标志、具有火灾爆炸危险的物质或场所的标志等。

（3）对建筑消防设施，单位除必须落实日常检查维修保养制度外，应当每年至少进行一次全面检测，确保完好有效，检测记录应当完整准确，存档备查。全面检测可以由单位自行进行，也可以自愿委托具有资质的技术服务机构进行。

（4）保障疏散通道、安全出口、消防车通道畅通，保证防火防烟分区、防火间距符合消防技术标准。

（5）组织防火检查，及时消除火灾隐患。防火检查是指单位组织的对本单位消防安全状况进行的检查，是单位在消防安全方面进行自我管理、自我约束的一种主要形式。对检查中发现的火灾隐患，要及时消除；在火灾隐患未消除之前，单位应当落实防火措施，确保消防安全。

（6）组织进行有针对性的消防演练。要按照预案进行实际的操作演练，增强单位有关人员的消防安全意识，熟悉消防设施、器材的位置和使用方法，并及时发现问题，进而完善预案。

（7）法律、法规规定的其他消防安全职责。

（二）消防安全重点单位消防安全职责

1. 消防安全重点单位的范围

消防安全重点单位是指火灾危险性大，发生火灾后伤亡大、损失大、社会影响大的单位。确定消防安全重点单位，对其强化消防安全管理，实施严格监督，确保重点单位消防安全，是我国消防工作多年来形成的一条基本经验和行之有效的做法。

《消防法》第17条规定，“县级以上地方人民政府公安机关消防机构应当将发生火灾可能性较大以及发生火灾可能造成重大的人身伤亡或者财产损失的单位，确定为本行政区域内的消防安全重点单位，并由公安机关报本级人民政府备案。”消防安全重点单位的范围通常包括：

（1）人员密集场所。如规模较大的商场（市场），宾馆（饭店），体育场（馆），会堂，公共娱乐场所，医院，养老院，寄宿制的学校、托儿所、幼儿园，服装、鞋帽、玩具等劳动密集型企业。

（2）国家机关。如党委、人大、政府、政协和群众团体机关。

（3）广播电台、电视台和邮政、通信枢纽。

（4）客运车站、码头、民用机场。

（5）公共图书馆、展览馆、博物馆、档案馆以及具有火灾危险性的文物保护单位。

（6）发电厂（站）和电网经营企业。

（7）易燃易爆化学物品的生产、充装、储存、供应、销售单位。

（8）重要的科研单位。

（9）高层办公楼（写字楼）、高层公寓楼等高层公共建筑，城市地下铁道、地下观光隧道等地下公共建筑和城市重要的交通隧道，粮、棉、木材、百货等物资集中的大型仓库和堆场，国家和省级等重点工程的施工现场。

（10）其他发生火灾可能性较大以及一旦发生火灾可能造成重大人身伤亡或者财产损失的单位。

2. 消防安全重点单位的职责

消防安全重点单位除应当履行上述一般单位的消防安全职责外，还应当履行下列消防安全职责：

（1）确定消防安全管理人，组织实施本单位的消防安全管理工作。

消防安全管理人，是指单位中负有一定领导职务和权限的人员，负责组织实施消防安全工作。消防安全重点单位一般规模较大，而多数单位的主要负责人不可能事必躬亲，为了消防安全工作切实有人抓，单位应当确定消防安全管理人来具体实施和组织落实本单位的消防安全工作，作为对消防安全责任人制度的必要补充。

（2）建立消防档案，确定消防安全重点部位，设置防火标志，实行严格管理。

消防档案主要内容应当包括：消防安全基本情况和消防安全管理情况。消防安全基本情况主要包括：单位基本概况和消防安全重点部位情况；建筑物或者场所施工、使用或者开业前的消防设计审核或者备案、消防验收或者备案以及消防安全检查的文件、资料；消防管理组织机构和各级消防安全责任人；消防安全制度；消防设施、灭火器材情况；专职消防队、义务消防队人员及其消防装备配备情况；与消防安全有关的重点工种人员情况；新增消防产品、防火材料的合格证明材料；灭火和应急疏散预案等。消防安全管理情况主要包括：公安机关消防机构填发的各种法律文书；消防设施定期检查记录、自动消防设施全面检查测试的报告以及维修保养的记录；火灾隐患及其整改情况记录；防火检查、巡查记录；有关燃气、电气设备检测（包括防雷、防静电）等记录资料；消防安全培训记录；灭火和应急疏散预案的演练记录；火灾情况记录；消防奖惩情况记录等。消防档案应当详实，全面反映单位消防工作的基本情况，并附有必要的图表，根据情况变化及时更新。单位应当对消防档案统一保管、备查。

消防安全重点部位，是指容易发生火灾和一旦发生火灾危及人身和财产的有重大影响的部位。如单位的油罐区、易燃易爆物品仓库、舞台、变配电室、生产工艺的危险岗位、学校学生宿舍、医院病房等。防火标志，是指在消防安全重点部位设置的禁烟禁火等各种文字、符号的警告标志。

(3) 实行每日防火巡查，并建立巡查记录。

每日防火巡查，要求巡查人员按照一定的频次和路线进行防火巡视检查，以便及时发现火灾隐患和火灾苗头，扑救初期火灾。巡查的主要内容一般包括：员工遵守防火安全制度情况，纠正违章违规行为；安全出口、疏散通道是否畅通，安全疏散标志是否完好；各类消防设施、器材是否在位、完整并处于正常运行状态；及时发现火灾隐患并妥善处置等。

(4) 对职工进行岗前消防安全培训，定期组织消防安全培训和消防演练。

消防安全培训的对象主要包括：各级、各岗位消防安全责任人，自动消防设施操作人员，专职和义务消防人员，保安人员，重点岗位工种人员（如电工，电气焊工，油漆工，仓库管理员，客房服务员，易燃易爆危险物品的生产、储存、运输、销售从业人员）等。消防安全重点单位对职工开展消防安全培训的基本内容主要包括：消防法律法规、消防安全制度和保障消防安全的操作规程；本单位、本岗位的火灾危险性和防火措施；有关消防设施的性能、灭火器材的使用方法；报火警、扑救初起火灾以及自救逃生的知识和技能等。对公众聚集场所来说，还应当将组织、引导在场群众疏散的知识和技能作为消防安全培训的内容。

消防安全重点单位制定的灭火和应急疏散预案包括下列内容：组织机构，一般包括：灭火行动组、通信联络组、疏散引导组、安全防护救护组；报警和接警处置程序；应急疏散的组织程序和措施；扑救初起火灾的程序和措施；通信联络、安全防护救护的程序和措施。消防安全重点单位应按照灭火和应急疏散预案，至少每半年进行一次演练，并结合实际，不断完善预案。

（三）其他单位的消防安全职责

负有不同社会责任的其他社会单位，除应履行单位的基本职责外，还应分别履行如下职责。

1. 实行承包、承租或者受委托经营、管理单位的消防安全责任

为了防止在实行承包、租赁或者委托经营、管理单位与建筑物产权所有单位之间，在消防安全管理上出现互相推诿、扯皮，致使消防安全管理责任不清，消防安全责任制不落实的状况，对建筑物产权单位与相关单位之间，多产权建筑和多家单位，居民住宅区的物业管理单位以及建筑施工单位的消防安全责任应当做出明确规定。

（1）单位在订立承包、租赁或者委托经营、管理合同时，应依照有关规定并结合实际情况明确各自在消防设施、灭火器材以及日常消防安全管理等方面的责任，各方在其使用、管理范围内履行相应的消防安全职责；当事人没有合同约定消防安全责任的，应当承担连带责任。

（2）消防车通道、消防安全疏散设施和其他消防设施具有公共性、系统性、完整性等特殊性，不宜实行多头管理，应当由产权单位或者委托管理的单位统一管理，以确保其完整好用。

（3）建筑物产权所有者，在建筑物尚不具备消防安全条件时不得擅自出租给使用者，若出租，必须提供符合消防安全要求的建筑物。

（4）承包、承租或者受委托经营、管理的单位应当遵守有关规定，在其使用管理范围内履行消防安全职责。

2. 依法享有不同管理和使用权单位的消防安全职责

对于有两个以上产权单位和多产权建筑的管理没有委托物业

单位时，各产权单位和使用单位，对消防车通道、涉及公共消防安全的疏散设施和其他消防设施，应当明确各自应负的管理责任。

（1）同一建筑由两个以上单位管理或者使用的，应当合同约定各方的消防安全责任，明确共用的建筑消防设施、疏散通道、安全出口、消防车通道的使用和管理要求，共用各方不得妨碍他人使用。

（2）建筑物共同管理或者使用单位较多或者设有自动消防设施的，应当成立或共同委托专门管理机构进行统一管理。

3. 居民住宅区物业管理单位的消防安全职责

居民住宅区的物业管理单位应当在管理范围内履行下列消防安全职责：

（1）落实消防安全责任，制定消防安全制度，开展消防安全宣传教育。

（2）开展防火检查，消除火灾隐患。

（3）保障疏散通道、安全出口、消防车通道畅通。

（4）保障共用消防设施、器材以及消防安全标志完好有效。

（5）其他物业管理单位应当对受委托管理范围内的消防安全管理工作负责。

（6）居民住宅小区、两个以上单位管理或者使用的同一建筑共用消防设施的检测、维修和更新、改造经费应当列入物业共用设施设备专项维修资金，并按照国家有关规定收取、使用和管理。

4. 消防技术服务单位的消防安全职责

（1）消防产品质量认证、消防设施检测、消防安全监测等消防技术服务机构和执业人员，应当依法获得相应的资质、资格。

（2）应当依照法律、行政法规、国家标准、行业标准和执业准则，接受委托提供消防技术服务，并对服务质量负责。

**三、单位消防管理组织机构**

单位消防管理组织机构是本单位消防安全管理的职能部门，

是单位法定代表人具体管理消防安全工作的专门机构。对于一个单位来说，是否设有消防管理机构，设置是否合理，消防管理人员配备数量多少，人员素质高低，都直接影响着单位的消防安全管理水平。

单位的消防管理组织机构有防火安全委员会和防火安全领导小组。较大的单位可以建立防火安全委员会，较小的单位可以建立防火安全领导小组。防火安全委员会或领导小组由单位行政领导（或消防安全责任人）任主任（或组长），吸收安全保卫、技术安全等有关部门的负责人参加，并应有一定数量的技术人员。防火安全委员会是单位法定负责人领导下的消防安全领导机构。有的单位防火安全委员会内设办事机构，由保卫部门负责人负责办公室工作处理日常事务，有的火灾危险性大的企业单独设有消防科，有的直接将消防安全管理任务交由本企业的专职消防队负责。

在单位内的各个部门建立防火安全领导小组，负责本部门的消防安全工作，其受防火安全委员会的领导。

单位的消防安全管理机构必须在单位法定代表人的领导下具体管理本单位的消防安全工作。其职责是：

（1）编制本单位的消防安全工作计划，组织实施上级和单位有关消防安全的规定、规范和规章制度；

（2）具体组织实施本单位的消防宣传教育和对职工的消防安全培训教育工作；

（3）组织制定消防安全制度和安全操作规程；

（4）组织防火安全检查，管理消防设施和器材，督促整改火灾隐患；

（5）组织、管理专职消防队和志愿消防队，进行消防业务训练；

（6）组织扑救火灾，保护火灾现场，协助调查火灾原因。

**四、单位消防安全责任人职责**

单位的消防安全责任人，是指法人单位的法定代表人或者非法人单位的主要负责人。《消防法》第16条规定，“单位的主要负责人是本单位的消防安全责任人。”

由于单位的主要负责人处于决策者、指挥者的重要地位，因此，其是否重视消防安全，对本单位的消防安全具有至关重要的意义。为了使消防安全工作真正落到实处，必须明确单位的主要负责人是消防安全责任人，对本单位的消防安全工作全面负责，以保障单位将消防安全工作纳入本单位的整体决策和统筹安排，并与生产、经营、管理、科研等工作同步进行、同步发展。单位的消防安全责任人应当履行下列消防安全职责：

（1）贯彻执行消防法规，保障单位消防安全符合规定，掌握本单位的消防安全情况；

（2）将消防工作与本单位的生产、科研、经营、管理等活动统筹安排，批准实施年度消防工作计划；

（3）为本单位的消防安全提供必要的经费和组织保障；

（4）确定逐级消防安全责任，批准实施消防安全制度和保障消防安全的操作规程；

（5）组织防火检查，督促落实火灾隐患整改，及时处理涉及消防安全的重大问题；

（6）根据消防法规的规定建立专职消防队、志愿消防队；

（7）组织制定符合本单位实际的灭火和应急疏散预案，并实施演练。

**五、单位消防安全管理人员职责**

单位可以根据需要确定本单位的消防安全管理人（消防安全重点单位必须确定消防安全管理人），组织实施本单位的消防安全管理工作。比较小的单位，当设立专职消防安全管理人员确实有困难时，可设立兼职消防安全管理人。《消防法》第32条规定，村民委员会、居民委员会应当确定消防安全管理人，组织制定防火安全公约，进行防火安全检查。

消防安全管理人直接对单位的消防安全责任人负责，并在单位消防安全责任人领导下具体组织实施消防安全管理工作。单位的消防安全管理人实施和组织落实下列消防安全管理工作：

（1）拟订年度消防工作计划，组织实施日常消防安全管理工作；

（2）组织制定消防安全制度和保障消防安全的操作规程并检查督促其落实；

（3）拟订消防安全工作的资金投入和组织保障方案；

（4）组织实施防火检查和火灾隐患整改工作；

（5）组织实施对本单位消防设施、灭火器材和消防安全标志的维护保养，确保其完好有效，确保疏散通道和安全出口畅通；

（6）组织管理专职消防队和义务消防队；

（7）组织员工开展消防知识、技能的宣传教育和培训，组织灭火和应急疏散预案的实施和演练；

（8）定期向消防安全责任人报告消防安全情况，及时报告涉及消防安全的重大问题；

（9）单位消防安全责任人委托的其他消防安全管理工作。

未确定消防安全管理人的单位，上述规定的消防安全管理工作由单位消防安全责任人负责实施。

《消防法》第 14 条规定，消防安全重点单位及其消防安全责任人、消防安全管理人应当报当地公安消防机构备案。

《消防法》第 15 条规定，消防安全重点单位应当设置或者确定消防工作的归口管理职能部门，并确定专职或者兼职的消防管理人员；其他单位应当确定专职或者兼职消防管理人员，可以确定消防工作的归口管理职能部门。归口管理职能部门和专兼职消防管理人员在消防安全责任人或者消防安全管理人的领导下开展消防安全管理工作。

**六、消防安全归口管理职能部门职责**

（1）拟定年度消防工作计划，组织实施日常消防安全管理工作；

（2）制定消防安全制度和操作规程并检查督促各部门、各科及员工认真落实；

(3) 拟定消防安全工作的资金投入计划和组织保障方案；

(4) 组织实施防火检查、巡查、督促整改火灾隐患；

(5) 组织实施对消防设施、灭火器材和消防安全标志的维护保养，确保其完好有效；

(6) 管理专职消防队和义务消防队，按照训练计划，督促其定期实施演练，不断提高扑救初期火灾的能力；

(7) 确定消防安全重点部位并督促相关部门加强重点监管；

(8) 组织员工开展消防安全“四个能力”建设，对员工进行消防知识、技能的宣传教育和培训，组织灭火和应急疏散预案的实施和演练，确保每一名员工都具备“扑救初起火灾、引导人员疏散和整改常见火灾隐患”的能力；

(9) 定期向消防安全责任人（消防安全管理人）汇报消防安全管理体系的绩效，为评审和改进消防安全管理体系提供依据；

(10) 与当地公安消防机构建立沟通渠道，及时向公安消防机构汇报单位的消防安全情况；

(11) 完成消防安全责任人和消防安全管理人委托的其他消防安全管理工作。

**七、部门消防安全责任人职责**

(1) 组织实施本部门的消防安全管理工作计划。

(2) 根据本部门的实际情况开展消防安全教育与培训，制定消防安全管理制度，落实消防安全措施。

(3) 按照规定实施消防安全巡查和定期检查，管理消防安全重点部位，维护管辖范围的消防设施。

(4) 及时发现和消除火灾隐患，不能消除的，应采取相应措施并及时向消防安全管理人报告。

(5) 发现火灾，及时报警，并组织人员疏散和初期火灾扑救。

**八、单位专职消防队的组建和职责**

专职消防队是一支群众性的专业消防队伍，主要承担本单位的火灾扑救及其他事故救援工作，同时也是公安消防队灭火力量的补充，也有扑救邻近企、事业单位和居民火灾的义务。火灾危险性较大、距离当地公安消防队（站）较远的大、中型企业或者较大的事业单位，根据需要建立专职消防队。

（一）专职消防队（站）规模的分类

专职消防队（站）分普通专职消防队和特勤专职消防队两类。其中，普通专职消防队又分为一级消防站和二级消防站两种，见表 3-1。

**消防队（站）规模的分类** **表 3-1**

| 专职消防队（站）类别 | | 建筑面积/$m^2$ | 消防车数/台 | 一个班次执勤人数 |
|---|---|---|---|---|
| 普通消防站 | 一级消防站 | 2300～3400 | 5～7 | 30～45 |
| | 二级消防站 | 1600～2300 | 3～4 | 15～25 |
| 特勤消防站 | | 3500～4900 | 8～11 | 45～60 |

注：专职消防队（站）一个班次执勤人员配备，可按所配消防车每台平均定员 6 人确定；消防站车库的车位数含 1 个备用车位。

（二）专职消防队的组建

《消防法》第 39 条规定，下列单位应当建立单位专职消防队，承担本单位的火灾扑救工作：

（1）大型核设施单位、大型发电厂、民用机场、主要港口；

（2）生产、储存易燃易爆危险品的大型企业；

（3）储备可燃的重要物资的大型仓库、基地；

（4）第一项、第二项、第三项规定以外的火灾危险性较大、距离公安消防队较远的其他大型企业；

（5）距离公安消防队较远、被列为全国重点文物保护单位的古建筑群的管理单位。

专职消防队的建立，应当符合国家有关规定，并报当地公安机关消防机构验收。根据专职消防队以本单位自救能力为主、协作为辅的原则，其建设的规模应根据人员数量、执勤车辆的多少和实际需要来确定。单位专职消防队可由一个单位建立，也可以由几个单位联合建立。但必须符合国家规定的标准，并报当地公安机关消防机构验收。

（三）专职消防队的组织建设

专职消防队员经训练能够适应灭火执勤需要，经当地公安机关消防机构对规定的内容进行验收后才能投入执勤。专职消防队可根据人数的多少和中队数量，设置企业消防支队、大队、中队。企业专职消防队的队长、指导员由企业干部担任。企业专职消防队的建立或撤销，应当报省级公安消防机构验收。干部的配备或调整，应征求当地公安消防机构的意见。

（四）专职消防队的职责

（1）拟订本单位的消防工作计划；

（2）负责领导本单位内志愿消防队的工作，负责训练本单位的志愿消防队；

（3）组织防火班或防火员检查消防法规和各项消防制度的执行情况；

（4）开展防火检查，及时发现火灾隐患，提出整改意见，并向有关领导汇报；

（5）配合有关部门对本单位职工进行消防安全宣传教育，普及消防知识，推动消防安全制度的贯彻落实；

（6）维护保养消防设备和器材，建立防火档案；

（7）按照《公安消防队执勤条令》等规定，经常进行灭火技术训练。对本单位的重点保卫部位，必须制定灭火作战方案，定期组织灭火演练；

（8）发现火灾立即出动，积极进行扑救，并向公安消防部队报告。当接到消防监督部门的外出灭火调令时，应迅速出动；

（9）协助本单位有关部门调查火灾原因；

（10）配合公安消防部队参加灭火战斗，听从火场指挥员的统一指挥。

（五）专职消防队设施及执勤人员的配置要求

根据所担负任务的需要，专职消防队最基本的应当建设有车库、通信室、办公室、值勤宿舍、药剂库、器材库、干燥室（寒冷或多雨地区）、培训学习室及训练场、训练塔，消防车辆、灭火器材、救援器材、消防员个人防护器材、通信器材、训练器材以及其他必要的生活设施。

（六）专职消防队的管理

专职消防队行政上受本单位行政领导的管理，一般归口保卫部门管理，但也有归安全技术部门管理的。有一些火灾危险性较大的大、中型企业，将专职消防队作为企业的直属单位直接归厂长、经理领导。企业专职消防队应按公安消防部队的要求管理，业务上接受公安消防机构的指导。

专职消防队应当充分发挥火灾扑救和应急救援专业力量的骨干作用；按照国家规定，组织实施专业技能训练，配备并维护保养装备器材，火灾扑救和应急救援的能力。根据扑救火灾的需要，听从公安机关消防机构的调动指挥，参加火灾扑救工作。

专职消防队的执勤、灭火战斗、业务训练，应当参照执行公安部发布的《公安消防部队灭火执勤作战条令》和《公安消防部队基本功训练大纲》，建立正规的执勤秩序，实行昼夜执勤制度。节假日要加强执勤力量，坚守岗位，不得擅离职守。

专职消防队的队员依法享受社会保险和福利待遇。专职消防队的经费由本单位开支。

**九、志愿消防队的组建和职责**

志愿消防队是一支群众性的义务组织，每一名成员都来自基层岗位，他们懂技术、懂操作、懂业务，熟悉本单位的具体情况，是消防工作最广泛的群众基础。他们在本单位消防工作中所起的作用，是其他消防组织所不可取代的。

机关、团体、企业、事业单位以及乡、村可以根据需要，建立由职工或者村民组成的志愿消防队。志愿消防队应定期进行教育训练，熟练掌握防火、灭火知识和消防器材的使用方法，做到能正确地进行防火检查和熟练扑救初期火灾。

（一）志愿消防队的组建范围

根据《消防法》第41条的规定，机关、团体、企业、事业等单位以及村民委员会、居民委员会，应当根据需要建立志愿消防队等多种形式的消防组织，开展群众性自防自救工作。志愿消防队由职工、村民、居民志愿参加，是一支群众性的义务组织（以前称义务消防队）。

（二）志愿消防队的组建方法

组建志愿消防队时，首先应当在本单位、本部门或城乡居民中广泛宣传，使群众充分认识到火灾的危害和组建志愿消防队的重要性，然后在自愿的基础上，选择政治觉悟高、工作责任心强、身体强壮的青壮年职工组成。要力求精干，防止滥竽充数。对于火灾危险性特别大的液化石油气站、加油加气站、油库和其他易燃危险品仓库等职工人数较少的企业，全员都应是志愿消防队员。

（三）志愿消防队的组建形式

志愿消防队的组建形式应根据本单位的实际情况而定，不宜千篇一律。一般对于工厂企业，宜与生产组织相适应，做到厂级有队，车间有班，班组有消防员，防火重点部位不出现空白点。对于大的工矿企业，一般每一个车间或工段都应有志愿消防队。志愿消防队内部应有一定的分工，通常可分为以下五个小组：

（1）灭火组。主要负责火灾扑救。要求每个成员体魄健壮、勇敢顽强，具有一定的灭火技能。

（2）供水组。主要负责火场的供水，组织本单位群众向火场和消防车内供水。供水组的队员应熟悉本单位和附近的水源情况。

（3）抢救组。主要负责抢救人命及抢救和疏散物资，同时要与灭火组密切配合。

（4）后勤联络组。主要负责火灾报警、火场联络、后勤供应、接应公安消防队的消防车等。后勤联络组成员要懂得火灾报警知识，熟记火警电话“119”和本单位的程控电话号码。报警时应当说清着火单位的详细地址、到达路线、着火物质、火势大小等，并在大门口或主要路口迎候消防车。

（5）警戒组。主要担负安全警卫任务，维护火场秩序，保护火灾现场，防止物资丢失和现场破坏。

（四）志愿消防队队员的职责

单位志愿消防队队员分布在本单的各个岗位和部位，平时开展消防安全宣传教育、灭火和应急疏散演练，在发生火灾时参加火灾扑救、组织人员疏散。其职责是：

（1）模范执行各项消防法规和消防制度，协助本单位订立切实可行的消防安全制度、公约等，并督促实施。

（2）根据本单位的特点，利用各种场合，采取各种形式进行防火宣传，宣传普及消防安全知识。

（3）结合本单位的实际情况，进行经常性的防火安全检查，督促整改火险隐患。班前、班后注意检查本岗位或部位以及单位消防制度的落实情况，查看有无火灾隐患，及时报告和制止有可能着火或爆炸危险的行为。

（4）检查维护本岗位或本部位的消防器材，保持其完整好用。

（5）制定本单位消防应急预案，定期组织实地演练，积极参加火灾扑救。

（6）扑救火灾时，注意保护起火部位和火灾现场，协助调查火灾原因，积极提供有关线索。

（五）志愿消防队的管理

单位志愿消防队应在本单位消防安全管理组织机构或专职消防队的领导下开展工作。志愿消防队队员所在单位应当支持职工参加志愿消防队的相关活动。志愿消防队所需的经费由建队单位负责解决。

志愿消防队要根据本单位的实际情况和季节特点定期开展活动，一般每季不少于1次。活动的内容是：学习有关消防工作的文件、通信、通报和消防知识；结合本单位的实际学习有关消防规则和制度；组织消防技能训练，定期进行灭火实战演习；掌握本单位各种灭火设备和器材的使用方法和灭火方法以及灭火器材的保养方法，提高应急灭火能力和实战能力，真正做到平时能防火，遇火会扑救。

《消防法》第35条规定，“各级人民政府应当加强消防组织建设，根据经济社会发展的需要，建立多种形式的消防组织，加强消防技术人才培养，增强火灾预防、扑救和应急救援的能力。”第42条规定，“公安机关消防机构应当对专职消防队、志愿消防队等消防组织进行业务指导；根据扑救火灾的需要，可以调动指挥专职消防队参加火灾扑救工作。”

**十、员工消防安全职责**

（1）参加消防安全活动，学习消防安全技术知识，严格遵守各项消防安全生产规章制度、管理制度、作业规程和标准。

（2）认真执行交接班制度，接班前必须认真检查本岗位的设备运行和消防安全设施是否齐全完好等情况。

（3）精心操作，严格执行工艺规程、安全技术规程，遵守纪律，记录清晰、真实、整洁。

（4）按时巡回检查，准确分析、判断和处理生产过程中的异常情况；不能排除时要立即向领导报告。

（5）认真维护保养设备，发现缺陷及时消除，并做好记录，保持作业场所清洁。

（6）正确使用、妥善保管各种劳动防护用品、器具器材、消防器材。

（7）不违章作业、并劝阻或制止他人违章作业，对违章指挥有权拒绝执行，同时，及时向领导报告。

（8）发生事故要及时向上级汇报，保护现场并详细记录。

**十一、公民的消防安全义务**

保护社会财富，维护公共消防安全是公民应履行的义务。公民的消防安全义务是：

（1）积极学习和宣传消防科学知识，自觉遵守消防法规，主动做好自身的消防安全工作。

(2) 自觉保护公共消防设施，不损坏和擅自挪用、拆除、停用消防设施器材，不埋压或圈占消火栓，不占用防火间距和堵塞消防车通道。

(3) 遵守防火禁令，不携带火种进入生产、储存易燃易爆危险物品场所，不违法携带易燃易爆危险物品进入公共场所或者乘坐公共交通工具。

(4) 发现火灾时立即扑救和报警，不谎报火警；私有通信工具应无偿为火灾报警提供便利。

(5) 成年公民应积极参加有组织的灭火工作。

## 第三节　政府消防安全管理的管辖与职责

### 一、政府消防安全管理的管辖与监督机构的设置

#### (一) 政府消防安全管理的管辖

《消防法》第3条规定，国务院领导全国的消防工作。地方各级人民政府负责本行政区域内的消防工作。县级以上人民政府及其有关部门在各自的职责范围内，依照消防法和其他相关法律、法规的规定做好消防工作。

#### (二) 政府消防监督管理机构的设置

《消防法》第4条规定，国务院公安部门对全国的消防工作实施监督管理。县级以上地方人民政府公安机关对本行政区域内的消防工作实施监督管理，并由本级人民政府公安机关消防机构负责实施。这一规定，明确了我国的消防安全管理由各级人民政府负责，各级政府的公安机关是消防监督管理机关，消防安全监督管理的具体事务由各级人民政府的公安机关所设的消防机构负责实施。

### 二、政府的消防安全职责

#### (一) 中央人民政府的消防安全职责

《消防法》第3条规定，国务院领导全国的消防工作，应当将消防工作纳入国民经济和社会发展计划，保障消防工作与经济

社会发展相适应。国务院作为中央人民政府、最高国家权力机关的执行机关、最高国家行政机关，加强对消防工作的领导，对于更快地发展我国的消防事业，使消防工作更好地保障我国社会主义现代化建设的顺利进行，使《消防法》能够得到更好的贯彻、落实，无疑具有重要作用。

国务院应当坚持科学发展，有效统筹消防工作与经济社会发展的关系，将消防工作纳入国民经济和社会总体规划，保障消防工作与经济社会发展相适应；坚持城乡统筹，不断改善城乡防火安全条件；坚持依法治火，严格贯彻落实消防法等法律法规、技术规范和消防工作责任制；坚持科技先行，依靠科技进步，完善基础设施，改善技术装备，建立健全灭火应急救援工作机制，不断提升防火、灭火和救援能力；坚持以人为本，强化社会消防安全教育，增强全社会的消防安全意识，切实提高全社会防控火灾的意识和能力，全面提高公民消防安全素质，有效预防和减少火灾事故发生，为经济发展、社会稳定和人民群众安居乐业创造良好的消防安全环境。设定“消防日”，确定每年 11 月 9 日为全国消防日。

（二）地方各级人民政府的消防安全职责

1. 基本职责

（1）地方各级人民政府领导本行政区域的消防安全工作。各级政府要实行消防安全工作责任制，将消防安全工作列入议事日程，进行统筹规划并定期部署，及时研究和解决消防安全工作中的重大问题，保证消防安全和应急救援经费的投入与本地经济和社会的发展相适应。

（2）地方各级人民政府，可建立由有关部门负责人参加的消防安全委员会或消防安全工作联席会议制度，建立和完善政府部门消防安全工作协调机制，加强对本地区消防安全工作的领导与协调。

（3）要根据本地经济和社会发展的需要，建立多种形式的消防安全组织，加强消防安全组织建设，增强扑救火灾的能力。公安消防队伍的经费，要列入财政预算，保证公安消防队伍的发展，增强其灭火作战实力。

(4) 经常进行消防宣传教育，提高公民的消防安全意识。在农业收获季节、森林和草原防火期间、重大节假日期间以及火灾多发季节，开展有针对性的消防宣传教育，采取防火措施，组织消防安全检查，督导重大火灾隐患的整改。

(5) 对在消防工作中有突出贡献的单位和个人，应当按照国家有关规定给予表彰和奖励。对因参加扑救火灾受伤、致残或者死亡的人员，按照国家有关规定给予医疗、抚恤。

(6) 扑救特大火灾时，组织有关人员、调集所需物资支援灭火。

(7) 鼓励和支持单位、个人积极参与消防宣传教育、消防科学技术研究、社区消防服务、消防志愿者行动、消防文化艺术活动等消防公益活动，对消防公益性社会团体和非营利事业单位给予扶持和优待；鼓励单位、个人捐赠消防公益事业。对消防公益捐赠的单位、个人依照有关规定给予税收等方面的优惠措施。

(8) 对在消防工作和应急救援工作中有突出贡献的单位和个人，给予表彰和奖励。

2. 地方政府的消防安全职责

(1) 地方各级人民政府应将包括消防安全布局、消防站、消防供水、消防通信、消防车通道、消防装备等内容的消防规划纳入城乡规划，并负责组织实施。城乡消防安全布局不符合消防安全要求的，应当调整、完善；公共消防设施、消防装备不足或者不适应实际需要的，应当增建、改建、配置或者进行技术改造。加强消防科学研究，推广、使用先进消防技术、消防装备。

(2) 各级人民政府应加强消防组织建设，根据经济社会发展的需要，建立多种形式的消防组织，加强消防技术人才培养，增强火灾预防，扑救和应急救援的能力。县级以上地方人民政府应按照国家规定建立公安消防队、专职消防队，并按照国家标准配备消防装备，承担重大灾害事故和其他以抢救人员生命为主的应急救援工作。

（3）县级以上地方人民政府应组织有关部门针对本行政区域内的火灾特点，制定应急预案，建立应急反应和处置机制，为火灾扑救和应急救援工作提供人员、装备等保障。

（4）城镇公共消防设施、消防装备不足或者不能适应实际需要的，应增建、改建、配置或者进行技术改造。按照国家规定的消防站建设标准建立公安消防队、专职消防队。

（5）地方各级人民政府应当加强对农村消防工作的领导，采取措施加强公共消防设施建设，组织建立和督促落实消防安全责任制。在农业收获季节、森林和草原防火期间、重大节假日期间以及火灾多发季节，应组织开展有针对性的消防宣传教育，采取防火措施，进行消防安全检查。

（6）乡镇人民政府、城市街道办事处应当指导、支持和帮助村民委员会、居民委员会开展群众性的消防工作。村民委员会、居民委员会应当确定消防安全管理人，组织制定防火安全公约，进行防火安全检查。在农业收获季节、森林和草原防火期间、重大节假日期间以及火灾多发季节，开展有针对性的消防宣传教育，采取防火措施，组织消防安全检查，督导重大火灾隐患的整改。距离公安消防队较远的乡、镇人民政府，要根据当地经济发展和消防工作的需要，建立专职消防队、义务消防队，承担当地重大灾害事故和其他以抢救人员生命为主的应急救援工作。

**三、政府相关部门的消防安全职责**

政府各有关部门，要切实加大联合执法力度，依法加强监管。要建立健全消防工作联席会议制度，建立健全部门信息沟通和联合执法机制，有关部门各负其责，齐抓共管。

（1）发展和改革委员会、建设、文化、国土资源及质量监督、工商、安全生产监管等具有行政审批和执法职能的部门，应结合各自职责，依法履行法律明确规定的消防安全职责，对发现的火灾隐患，依法查处或者移送、通报公安机关消防机构等部门处理。

（2）国有资产管理委员会、商务、农业、交通、教育、文化、卫生、旅游、广播电视、人防、文物等有系统和行业的部门，应建立健全消防安全工作领导机制和责任制，制定消防安全管理办法，依据有关规定，在部署本系统、行业工作的同时，把消防安全工作与之同部署、同检查、同落实、同考评，定期组织消防安全专项检查，及时排查和整改火灾隐患，并对系统、行业的消防安全负责。

（3）产品质量监督部门、工商行政管理部门、公安机关消防机构应按照各自职责加强对消防产品质量的监督检查。

（4）教育、人力资源行政主管部门、学校和有关职业培训机构应将消防知识纳入教育、教学培训的内容。

（5）财政、税收部门应在财政、税收等方面，对投保火灾公众责任保险的单位和承保火灾公众责任保险的保险公司给予政策支持。

（6）各级人民政府有关部门应当将单位消防安全信息、消防从业单位和人员从业情况纳入社会信用体系，建立单位消防安全信用评价和运行机制。

**四、公安机关消防机构的职责**

《消防法》第4条规定，“国务院公安部门对全国的消防工作实施监督管理。县级以上地方人民政府公安机关对本行政区域内的消防工作实施监督管理，并由本级人民政府公安机关消防机构负责实施。”这一规定，明确了公安机关消防机构是各级人民政府公安机关中实施消防监督管理职能的一个专门机构，具有依法对全社会进行消防监督管理的职权。公安机关消防机构的消防安全管理职责是：

（1）对机关、团体、企业、事业单位遵守消防法律、法规的情况依法进行监督检查，定期对消防安全重点单位进行检查。发现火灾隐患，及时通知有关单位或者个人采取措施，限期消除。

（2）依法审查、验收大型的人员密集场所和其他特殊建设工程，抽查、抽验备案的建设工程，监督城市消防规划的执行。

（3）依法对公众聚集场所使用和开业前的消防安全检查、消防技术服务机构及其执业人员的执业资格和专职消防队建立的验收施行行政许可；依法对大型群众活动的灭火和应急疏散预案、落实消防安全措施的情况进行检查。

（4）监督消防产品和消防工程的质量；组织鉴定和推广消防科学技术研究成果，推动消防科学技术的发展。

（5）组织消防法律、法规的宣传，并督促、指导、协助有关单位做好消防宣传教育工作，推动消防宣传教育，普及消防知识。

（6）将发生火灾可能性较大以及发生火灾可能造成重大的人身伤亡或者财产损失的单位，确定为本行政区域内的消防安全重点单位，并报本级人民政府备案。

（7）领导公安消防队伍，对专职消防队、志愿消防队或义务消防队进行业务指导。

（8）承担重大灾害事故和其他以抢救人员生命为主的应急救援工作。

（9）调查、认定火灾原因，统计火灾损失，依法查处消防安全违法行为掌握火灾情况，进行火灾统计，分析报告火灾。

（10）根据军事设施主管单位的需要，协助军事设施主管单位开展灭火救援和火灾事故调查工作；监督管理属于军队国有资产，但由地方单位或者个人生产经营的企业、服务场所的消防工作。

# 第四章　建筑消防安全管理制度

## 第一节　概　述

### 一、建筑消防安全管理制度的含义

制度，也称规章制度，是国家机关、社会团体、企事业单位为了维护正常的工作、劳动、学习、生活秩序，保证国家各项政策的顺利执行和各项工作的正常开展，依照法律、法令、政策而制订的具有法规性或指导性与约束力的应用文，是各种行政法规、章程、制度、公约的总称。制度的使用范围非常广泛，大至国家机关、社会团体、各行业、各系统，小至单位、部门、班组。它是国家法律、法令、政策的具体化，是人们行动的准则和依据。

我国有句俗话：没有规矩，不成方圆。其意思就是说，没有规则（即制度）的约束，人们的行为就会陷入混乱。因此，人们必须依靠制度来衡量自己的行为、约束自己的行为。

建筑消防安全管理制度是为本单位工作、生产和经营活动中保证消防安全所制定的一系列制度、规章、办法、措施等的总称，是职工、干部、公民做好建筑消防安全工作必须遵守的准则和依据。建筑消防安全管理制度，主要包括管理工作制度、各种形式的防火安全责任制、生产技术规程。

为了做好建筑消防安全工作，防止建筑火灾事故的发生，并且在一旦发生火灾时及时扑灭火灾，最大限度地减少火灾损失和危害，各机关、团体、企业、事业单位等都要根据国家和各级政府颁布的消防工作方针、政策、法规的精神，在认真总结本单位、本部门消防安全管理工作的经验和基础上，逐步建立和完善本单位的消防安全管理制度。这是确保建筑消防安全的一项重要工作，各单位务必高度重视，切实做好，并采取措施加以落实。

**二、制定建筑消防安全管理制度的要求**

消防安全管理制度应反映出本单位的消防安全指导方针、管理原则、组织领导体系、本单位消防安全管理制度、岗位防火责任制和重点部位防火安全制度等。

制定制度的要求是：制度要全，内容要细，条文要实。全，是就整个单位而言，各个部门、各个方面，从上到下形成一个有机的制度网；细，就是执行中有所依据，怎样做有具体要求，防止千篇一律的模式化；实，就是制度能充分反映实际场所（岗位）的具体情况，执行了就能保证安全。

制度的文字上应简明扼要，易懂易记，但要求具体、清楚，不宜过于原则。

**三、建筑消防安全管理制度的特点**

（一）指导性和约束性

制度对相关人员做些什么工作、如何开展工作都有一定的提示和指导，同时也明确相关人员不得做些什么，以及违背了会受到什么样的惩罚。因此，制度有指导性和约束性的特点。

（二）规范性和程序性

制度对实现工作程序的规范化、岗位责任的法规化、管理方法的科学化起着重要作用。制度的制定必须以有关政策、法律、法令为依据。制度本身要有程序性，为人们的工作和活动提供可供遵循的依据。

（三）鞭策性和激励性

制度的实施有利于鞭策和激励人员牢记责任和义务，做到奖罚严明，调动人员的积极性，严格遵守操作规范，高标准高质量地完成工作任务。

制度的发布方式比较多样，除作为文件存在之外，还可以张贴和悬挂在某一岗位和某项工作的现场，以便随时提醒人们遵守，同时便于大家互相监督。制度一经制定颁布，就对某一岗位上的或从事某一项工作的人员有约束作用，是他们行动的准则和依据。

## 第二节　建筑消防安全管理制度的组成和内容

### 一、建筑消防安全管理制度的组成

建筑消防安全管理制度应同本单位的工作相结合，组成大体上可包括如下几个方面：

（一）总则

总则中应明确规定制度的目的、依据和制度的适用范围，明确消防安全工作应遵循的方针、原则和要求，实行“谁主管，谁负责”的逐级防火责任制，明确规定消防安全工作是本单位整个管理工作的一项重要内容。

（二）组织领导体系

单位应成立由主要领导挂帅，各机构负责人参加的消防安全领导组织，并规定其组成和任务。指定执行消防管理和监督检查的工作部门，规定其权限和职责。

规定单位自上而下应设的专业消防组织机构和人员，如主管消防安全的职能部门、专职和志愿消防队、专兼职消防安全检查员、班组防火安全员等，明确规定职责和任务。

（三）逐级防火责任制和部门防火责任制度

单位应当落实逐级消防安全责任制和岗位消防安全责任制，明确逐级和岗位消防安全职责，确定各级、各岗位的消防安全责任人。

制度要明确规定各级领导，包括法定代表人和分管负责人、各职能部门领导及车间主任、工段（班组）长等负责人所管范围的消防安全职责和各职能部门的消防安全职责。

（四）岗位防火责任制度

具体规定各种岗位人员的消防安全职责。为增强责任制的针对性，要认真分析本岗位范围内的火灾危险因素，科学确定防火责任内容，定工作、定责任、定要求。

岗位防火责任制度主要应包括：如何遵守劳动纪律、安全操作规程，如何正确地操作设备和器具，如何做好机器设备的维护和保养，如何管理好原材料和产品，如何控制好事故点和危险点等。

根据不同的岗位情况，从实际情况出发，依靠群众，采取领导干部、技术人员和工人三结合的方法，总结实践经验，反映客观规律，不断修改和完善责任制。随着情况的变化，适时修改那些不合理的内容。

将岗位防火责任制和企业内部的经济责任制结合起来，将每个岗位的责任考核标准、经济效益等与职工的切身利益挂起钩来。根据完成任务的好坏，实施奖罚制度。

（五）单位综合防火管理制度

单位综合防火管理制度通常包括：单位防火管理制度，工作区防火制度，防火宣传教育制度，用火用电管理制度，易燃易爆物品防火管理制度，防火检查和火险隐患整改制度，建筑防火审批制度，消防设施和器材管理制度，外包工管理制度，火灾事故处理报告制度，灭火和应急疏散预案及演练制度，消防档案管理制度，消防工作奖惩制度等。

（六）重点部位消防安全制度

重点部位主要包括：煤气站、氧气站、液化石油气站、油库、化工物品库、喷漆和油漆间、乙炔发生站、电石库、使用易燃易爆物品的场所、木工房和木材堆场、化验室、蓄电池房、沥青熬炼点等易燃易爆部位和场所；一般物资仓库、原材料库、产品成品库等物资仓库；汽车库、车辆修理间等运输装卸作业场所；电气焊操作场所，使用火炉的地点、吸烟场所等使用明火的场所；变配电室、锅炉房等电力、动力场所、施工场地；礼堂、图书档案资料室、电子计算机房、电话总机室、医院病房、集体宿舍、食堂、招待所、幼儿园、商店等重要的办公、服务设施等。要明确本单位的重点部位，制定相应的防火安全制度。

## 二、建筑消防安全管理制度的内容

单位消防安全制度主要包括以下内容：消防安全宣传教育、

培训；防火巡查、检查；安全疏散设施管理；消防控制室值班；消防设施和器材维护管理；火灾隐患整改；用火和用电安全管理；易燃易爆危险物品和场所防火防爆管理；专职和志愿消防队的组织管理；灭火和应急疏散预案演练；燃气和电气设备的检查和管理（包括防雷、防静电）；消防安全工作考评和奖惩；其他必要的消防安全内容事项。

单位应当按照国家有关规定，结合本单位的特点，建立健全各项消防安全制度和保障消防安全的操作规程，并公布执行。现就单位部分消防安全管理制度内容简介如下：

（一）生产技术规程

生产技术规程是按照生产经营过程的要求，对设计、操作、施工、用电、用火、危险物品管理、设备仪器的使用和维修等做出的安全技术规定。它是指导职工进行生产、技术活动、消防安全活动规范化的准则。

（二）辖区防火制度

制度的基本内容应当包括：禁止吸烟和燃放烟花爆竹，不经批准不得擅自动火作业；未经批准不得堆放其他物品，不得搭建临时建筑；消防车通道不得阻塞；保持辖区整洁；易燃易爆企业的雨水和下水管道出水口应当设置水封井等。

（三）岗位消防责任制

岗位消防责任制规定了工作岗位、企业生产等所担负的消防安全工作范围、内容、任务和责任。

（四）消防安全宣传教育制度

消防安全宣传教育制度规定了宣传教育的对象、形式、内容和要求等。例如，规定新职工入厂必须要进行厂、车间和班组三级消防安全教育；要对消防安全责任人、消防安全管理人、电气焊等具有火灾危险作业的人员、自动消防设施操作人员等进行专门消防安全培训等。

（五）防火检查、防火巡查和火灾隐患整改制度

防火检查、防火巡查和火灾隐患整改制度，主要包括经常性

的、定期性的、专业性的防火检查和防火巡查的规定，火险隐患认定和整改要求等方面的内容。对查出的重大隐患、一般隐患或不安全因素，要定隐患性质、定解决措施、定责任人和整改的期限，及时采取措施予以消除。

（六）用火管理制度

用火管理制度包括：确定用火管理范围、划分用火作业级别、明确用火审批权限和手续、用火管理基本原则、特殊部位和设备容器等动火前应采取的处理措施等内容。

（七）用电管理制度

用电管理制度，包括用电设备场所建筑防火要求，电气设备规格安装和使用要求，电气线路设计、敷设、维护保养、检测要求，禁止超负荷运行，用电保险设施、用电器具使用管理，采取避雷、防静电装置等。

（八）易燃易爆危险品管理制度

制度的基本内容包括：易燃易爆危险品的范围；物品储存的具体防火要求；领取物品的手续；使用物品单位和岗位，定人、定点、定容、定量的要求和防火措施；使用地点明显醒目的防火标志；使用完了剩余物品的收回要求等。

（九）消防设备器材管理制度

消防设备器材管理制度，包括消防设备器材配备标准、部位、地点、检修、保管、使用制度等内容。

（十）火灾事故处理制度

制度的基本内容应当包括：没有查清起火原因不放过、责任者没有受到处理和群众没有受到教育不放过、没有防范和改进措施不放过的“三不放过”原则；对需要单位自查火灾原因的，在单位消防安全责任人的领导下，由单位消防安全管理部门组织有关部门和人员追查火灾原因，对责任者提出处理意见，提出预防和改进的安全措施等。

（十一）仓库管理制度

仓库消防管理制度，包括人员、车辆、货物出入库防火要求，物品存放防火要求，易燃易爆物品装卸、储存防火要求等内容。

（十二）消防工作奖惩制度

消防安全奖惩制度，包括衡量消防安全管理工作优劣的条件，奖惩的标准，具体实施办法等内容。奖惩要与工作、生产和经济利益挂钩。

通过上述制度的建立，使单位的消防安全工作层层分解，达到处处有人管、事事有人负责，形成专管成线、群管成网的格局。

**三、建筑消防安全管理制度例文**

在此列举依据消防法律和法规制定的若干个消防安全管理制度，供学习参考。

## 消防安全工作例会制度

为了认真贯彻落实《中华人民共和国消防法》、公安部令第61号《机关、团体、企业、事业单位消防安全管理规定》，进一步加强和改进本单位消防安全工作，特制定本制度。

一、消防安全例会应每月至少召开一次。

二、参加人员：消防安全委员会（领导组织）全体成员。

三、会议主要的内容应以研究、部署、落实本单位（场所）的消防安全工作计划和措施为主。如涉及消防安全的重大问题，应随时组织召开专题性会议。

四、消防安全例会由消防安全责任人主持，有关人员参加。会议纪要或决议应下发有关部门并存档。

五、会议议程是，听取消防安全管理人员有关消防情况的通报，研究分析本单位消防安全形势，对有关重点、难点问题提出解决办法，布置下一阶段的消防安全工作。

六、为研究重大消防安全问题而召开的专题会议纪要或决议，应报送当地公安消防部门，并提出针对性解决方案和具体落实措施。

七、本单位若发生火灾事故，事故发生后应召开专门会议，分析、查找事故原因，总结事故教训，制定整改措施，进一步落实消防安全管理责任，防止事故再次发生。

## 消防安全管理制度

一、消防安全管理应当落实逐级消防安全责任制和岗位消防安全责任制，明确逐级和岗位消防安全职责，确定各级、各岗位的消防安全责任人。做到消防工作层层有人抓，处处有人管。

二、建立消防安全例会制度，定期召开消防安全例会，处理涉及消防安全的重大问题，研究、部署、落实本单位（场所）的消防安全工作计划和措施。

三、建立防火巡查和防火检查制度，确定巡查和检查的人员、内容、部位和频次。

四、利用多种形式开展经常性的消防安全宣传、教育与培训。

五、建立疏散设施管理制度。明确消防安全疏散设施管理的责任部门和责任人，明确定期维护、检查的要求，确保安全疏散设施的完好、有效、通畅。

六、建立消防设施管理制度。明确消防设施管理的责任部门和责任人，明确消防设施的检查内容和管理要求，明确消防设施定期维护保养的要求。

七、建立火灾隐患整改制度。明确火灾隐患整改责任部门、责任人、整改的期限、整改合格标准和所需经费来源。

八、建立用火、用电 、动火安全管理制度。明确用火、用电、动火管理的责任部门和责任人，用火、用电、动火的审批范围、程序和要求以及操作人员的岗位资格及其职责要求等内容。

九、建立易燃易爆化学物品使用、管理制度，明确易燃易爆化学物品管理的责任部门和责任人。

十、建立消防安全重点部位管理制度，确定消防安全重点部位，明确消防安全管理的责任部门和责任人。

十一、建立消防档案管理制度。明确消防档案管理的责任部门和责任人，明确消防档案的制作、使用、更新及销毁的要求。

十二、制定有针对性的灭火和应急疏散预案，并开展消防演练。

十三、制定火灾处置程序。明确火灾发生后立即启动灭火和应急疏散预案，疏散建筑内所有人员，实施初期火灾扑救，并报火警。明确保护火灾现场，接受火灾事故调查，总结事故教训，改善消防安全管理的工作程序及要求。

## 防火巡查制度

一、防火巡查应确定巡查的人员、内容、部位和频次，及时开展防火巡查。

二、防火巡查时应填写《每日防火巡查（夜查）记录表》，并存档备查，巡查人员应在记录上签名。巡查中发现能当场整改的火灾隐患应填写《单位火灾隐患当场整改通知单》并消除隐患；不能当场消除的，填写《单位火灾隐患限期整改通知单》并及时上报主管负责人。

三、应进行每日防火巡查，并结合实际组织夜间防火巡查。公共娱乐场所在营业时间应至少每两小时巡查一次，营业结束后应检查并消除遗留火种。

四、防火巡查应包括下列内容：

1. 用火、用电有无违章情况；

2. 安全出口、疏散通道是否畅通，有无锁闭；安全疏散指示标志、应急照明是否完好；

3. 常闭式防火门是否处于关闭状态，防火卷帘下是否堆放物品；

4. 消防设施、器材是否在位、完整有效，消防安全标志是否完好清晰；

5. 消防安全重点部位的人员在岗情况；

6. 其他消防安全情况。

## 安全疏散设施管理制度

一、应明确消防安全疏散设施管理的责任部门和责任人，定期维护、检查，确保安全疏散设施的管理。

二、安全疏散设施管理应符合下列要求：

（1）安全疏散设施处应设置统一标识和检查、测试、使用方法的文字或图示说明；

（2）确保疏散通道、安全出口的畅通，禁止占用、堵塞疏散通道和楼梯间；

（3）在使用和营业期间疏散出口、安全出口的门不应锁闭；

（4）封闭楼梯间、防烟楼梯间的门应完好，门上应有正确启闭状态的标识，保证其正常使用；

（5）常闭式防火门应经常保持关闭；

（6）需要经常保持开启状态的防火门，应保证其火灾时能自动关闭；自动和手动关闭的装置应完好有效；

（7）平时需要控制人员出入或设有门禁系统的疏散门，应有保证火灾时人员疏散畅通的可靠措施；

（8）安全出口、疏散门不得设置门槛和其他影响疏散的障碍物，且在其 1.4m 范围内不应设置台阶；

（9）消防应急照明、安全疏散指示标志应完好、有效，发生损坏时应及时维修、更换；

（10）消防安全标志应完好、清晰，不应遮挡；

（11）安全出口、公共疏散走道上不应安装栅栏、卷帘门；

（12）窗口、阳台等部位不应设置影响逃生和灭火救援的栅栏；

（13）各楼层的明显位置应设置安全疏散指示图，指示图上应标明疏散路线、安全出口、人员所在位置和必要的文字说明；

（14）举办展览、展销、演出等大型群众性活动，应事先根据场所的疏散能力核定容纳人数。活动期间应对人数进行控制，采取防止超员的措施。

三、安全疏散设施检查应填写《安全疏散设施检查记录》并存档。

## 消防设施、器材管理制度

一、消防设施、器材管理应明确责任部门和责任人，消防设施的检查内容和要求，消防设施定期维护保养的要求。

二、消防设施管理应符合下列要求：

(1) 消防设施应有明显标识，并附有使用操作、检查测试说明；

(2) 室内消火栓箱不应上锁，箱内设备应齐全、完好；

(3) 室外消火栓不应埋压、圈占，距室外消火栓、水泵接合器 2m 范围内不得设置影响其正常使用的障碍物；

(4) 展品、商品、货柜，广告箱牌，生产设备等的设置不得影响防火门、防火卷帘、室内消火栓、灭火剂喷头、机械排烟口和送风口、自然排烟窗、火灾探测器、手动火灾报警按钮、声光报警装置等消防设施的正常使用；

(5) 应确保消防设施和消防电源始终处于正常运行状态；需要维修时，应采取相应的措施启动备用设施，维修完成后，应立即恢复到正常运行状态；

(6) 按照相关标准定期检查、检测消防设施，并做好记录，存档备查；

(7) 自动消防设施应按照有关规定，每年委托具有相关资质的单位进行全面检查测试，达到合格标准，并出具检测合格报告，存档及报送当地公安消防机构备案。

三、消防控制室应保证其环境满足设备正常运行要求。室内应设置消防设施平面布置图，存放完整的消防设施设计、施工和验收资料以及灭火和应急疏散预案等。

四、消防设施、器材检查应分别填写《建筑消防设施功能检查记录表》、《安全疏散设施检查记录》。

## 用火、动火安全管理制度

一、用火、动火安全管理应明确管理的责任部门和责任人，用火、动火的审批范围、程序和要求以及电气焊工的岗位资格及其职责要求等。

二、用火、动火安全管理应符合下列要求：

（1）需要动火施工的区域与使用、营业区之间应进行防火分隔。

（2）电气焊等明火作业前，实施动火的部门和人员应填写《单位临时用火、动火作业审批表》，办理动火审批手续，清除易燃可燃物，配置灭火器材，落实现场监护人和安全措施，在确认无火灾、爆炸危险后方可动火施工。

（3）禁止在营业时间进行动火施工。

（4）演出、放映场所需要使用明火效果时，应落实相关的防火措施。

（5）不应使用明火照明或取暖，如特殊情况需要时应有专人看护。

（6）烟道等取暖设施与可燃物之间应采取防火隔热措施。

（7）厨房的烟道应至少每季度清洗一次。

（8）燃油、燃气管道应经常检查、检测和保养。

## 火灾事故处置制度

一、确认火灾发生后，应立即启动灭火和应急疏散预案，通知建筑内所有人员立即疏散，实施初期火灾扑救，并报火警。

二、火灾发生后，应保护火灾现场。公安消防机构划定的警戒范围是火灾现场保护范围；尚未划定时，应将火灾过火范围以及与发生火灾有关的部位划定为火灾现场保护范围。

三、未经公安消防机构允许，任何人不得擅自进入火灾现场保护范围内，不得擅自移动火场中的任何物品。

四、未经公安消防机构同意，任何人不得擅自清理火灾现场。

五、应接受事故调查，如实提供火灾事故情况，协助火灾调查。

六、应做好火灾伤亡人员及其亲属的安排、善后事宜。

七、火灾调查结束后，应及时分析事故原因，总结事故教训，及时改进消防安全管理工作，预防火灾事故再次发生，并将事故情况记入防火档案。

## 消防值班制度

一、单位应明确值班人员的职责，制订每日值班和交接班的程序与要求，以及消防巡查的程序与要求。

二、各级值班人员严格履行职责，值班领导负责检查、督促值班人员开展防火巡查。值班人员负责对本单位进行防火巡查。

三、防火巡查时应认真做好记录，发现消防安全问题应及时采取措施并逐级报告。如发现火情时，应迅速按灭火和应急疏散预案紧急处理，拨打119火警电话向119指挥中心报告火警，同时报告单位部门主管。

四、值班人员按时交接班，做好交接班记录以及消防巡查、问题处置、事故处理等情况的交接手续。未履行交接班手续，值班人员不得擅自离岗。

五、值班期间严禁脱岗、饮酒以及从事各种娱乐活动，严禁睡觉。

# 第五章　建筑消防安全教育培训

## 第一节　概　述

### 一、消防安全教育培训的概念

消防安全教育培训是指为向人们传授消防安全知识，提高其消防安全素质、能力而进行的教育和训练活动。根据教育培训的对象、内容、形式和方法，消防安全教育培训可分为消防安全宣传教育和消防安全培训教育两个方面。

消防安全宣传教育是指向人们传播消防安全常识，提高人们消防安全意识的教育活动。《消防法》第6条规定，“各级人民政府应当组织开展经常性的消防宣传教育，提高公民的消防安全意识”、“机关、团体、企业、事业等单位，应当加强对本单位人员的消防宣传教育”。

消防安全培训教育是指培养和提高消防安全技术工人、专业干部和业务骨干等人员，从事各种工作所需要的专门的消防安全知识和技能而进行的教育和训练活动。由于上述人员所从事的工作具有一定的专业技术性，因此需要采取一定的形式进行专门性的消防专业知识、能力的教育和训练。

### 二、消防安全教育培训的重要性和意义

单位各类人员消防安全素质的高低，直接影响着本单位的消防安全水平。开展消防安全教育培训工作，是提高各类人员消防安全素质和能力的最主要的途径，是一项有效预防火灾、减少火灾危害的重要消防安全管理措施。2009年6月1日起施行的《社会消防安全教育培训规定》指出，机关、团体、企业、事业等单位、社区居民委员会、村民委员会都应依照本规定开展消防

安全教育培训工作。

消防安全教育培训工作既是消防安全管理工作的基本内容，也是消防安全管理工作中一项重要的基础工作。消防安全管理工作具有很强的社会性、群众性和技术性，因此，重视和加强消防安全宣传教育和培训工作，有利于增强人们的消防意识，广泛普及消防知识，提高某些专业人员的消防专业知识和能力，提高单位的防火和火灾扑救能力，建立起自防、自救的消防安全防控体系，做到防患于未然，减少火灾损失和危害。

消防安全教育培训的意义主要表现在两个方面：一是提高各级领导和员工对消防工作重要性的认识，增强消防安全的责任感，提高贯彻执行消防法规及各项消防安全规章制度的自觉性；二是使员工掌握安全生产的科学知识，提高安全操作的技能，提高防火和灭火能力，为实现安全生产创造条件。

对于一个单位来说，提高消防安全教育培训能力是提高单位整体消防安全水平的前提和基础，也是提高单位检查和整改火灾隐患能力、扑救初起火灾能力和组织引导人员疏散能力的前提和基础，是必需的途径和必要的手段。所以，必须抓好单位消防安全教育培训能力的建设。

## 第二节　消防安全教育培训的内容和形式

### 一、消防安全教育培训的内容

根据《机关、团体、企业、事业单位消防安全管理规定》和《社会消防安全教育培训规定》，消防安全教育培训的主要内容有：

（一）国家消防工作方针、政策

国家消防工作方针、政策对于做好消防安全工作具有很强的科学指导性。“预防为主，防消结合”的消防工作方针以及各项消防安全工作的具体政策，是保障员工生命财产安全、社会秩序安全、经济发展安全、企业生产安全的重要依据和措施。因此，进行消防安全教育培训，首先应当进行消防工作的方针和政策教育。

（二）消防法律法规、规章制度和保障消防安全的操作规程

消防法律法规和规章制度是人人应该遵守的准则。《机关、团体、企业、事业单位消防安全管理规定》第3条明确提出，单位应当遵守消防法律、法规、规章，贯彻预防为主、防消结合的消防工作方针，履行消防安全职责，保障消防安全。对单位员工教育培训应包括：新颁布实施的《消防法》、公安部发布的《机关、团体、企业、事业单位消防安全管理规定》、本单位制定的各项消防安全制度和保障消防安全的操作规程等。通过这项内容的教育，要使全体员工懂得哪些应该做，应该怎样做，哪些不能做，做了又有什么危害和后果等，从而提高执行消防法律法规和规章制度的自觉性，保证其切实得以贯彻落实。

（三）火灾预防知识

火灾预防知识主要包括：燃烧的条件，火灾的成因，火灾的危害性，本单位、本岗位的火灾危险性和防火措施，有关消防设施的性能、灭火器材的使用方法，用火安全，用电安全，可燃物品、易燃物品使用和储存安全，设备操作安全，火灾隐患的判定、检查和整改方法，消防设施器材的维护管理，火灾报警，一般火灾灭火方法等。

（四）扑救初起火灾以及自救逃生的知识和技能。

及时正确处置初起火灾可以防止火势蔓延，最大限度地减少火灾造成的财产损失，避免人员伤亡。单位应当结合实际，组织全体员工学习正确处置本单位及本岗位可能发生的各类初起火灾的方法，学习火灾紧急情况下人员安全疏散逃生和自救互救知识，提高员工扑救初起火灾和安全疏散逃生和自救互救的能力。

单位特别是人员密集场所，应当将组织引导火灾现场人员疏散逃生的知识纳入开展消防安全教育培训的重要内容，并结合灭火和应急疏散预案进行实际操作演练，真正提高全体员工组织引导疏散逃生能力。

（五）其他应当教育培训的内容

以火灾事故案例为内容进行消防安全教育，真实、生动，最具说服力。通过对起火原因、灾害成因、事故责任的分析，可以提高人们对消防工作的认识，从中吸取教训，总结经验，采取措施，做好工作。

在进行消防安全教育培训时，单位应当将有关消防法规、消防安全制度和保障消防安全的操作规程，本单位、本岗位的火灾危险性和防火措施，有关消防设施的性能、灭火器材的使用方法，报火警、扑救初起火灾以及自救逃生的知识和技能等知识作为教育培训的重点。

## 二、消防安全教育培训的形式

消防安全教育培训的形式是指教育指导者在教育培训过程中，为了完成对教育对象的教育培训任务所采取的方式和方法。消防安全教育培训的形式是由消防安全教育的内容和对象决定的。单位消防宣传教育培训可以采取的手段包括：召开会议，设置消防宣传栏，利用广播、电视、网络设备，张贴标语口号，举行消防运动会，举办文艺节目，以及对员工进行专门的消防安全培训等形式。

根据消防安全教育培训的内容、特点以及各单位消防安全工作的实践，消防安全教育培训通常采用以下几种：

（一）按教育培训对象的多少

消防安全教育培训按被教育对象人数的多少，分为集体教育和个人教育两种方式。

1. 集体消防安全教育

集体消防安全教育按讲授方式又可分为讲课式和会议式两种。

（1）讲课式。以办培训班或学习班的方式将有关人员集中起来，由讲授人员在课堂上向学员讲授消防安全知识。这是一种有组织、有计划进行地消防安全教育的基本方式。

（2）会议式。主要有消防安全会议、专题研讨会和讲演会、火灾现场会等形式。

消防安全会议教育是指各级管理人员定期召开某种消防安全工作会议，以研究解决消防安全工作中的有关问题。

专题研讨会是指为了研究和讨论某些消防安全管理中的疑难问题，在有关部门、有关单位范围内召开的会议，分析消防安全问题存在的原因，研究讨论解决问题的办法。参加专题研讨会的人员不宜多，与会者应具有一定消防安全实践经验。

火灾现场会是用反面教训进行消防安全教育的方式。本单位或其他单位发生了火灾事故，及时组织领导和员工到火灾现场召开会议，用活生生的实例进行教育，可以收到良好的教育效果。

2. 个人消防安全教育培训

在有的单位中，员工的每个岗位有其固有的特点，如果完全采用集体消防安全教育形式是不可能完全达到目的的。这时，就要与个别指导相结合，使其逐渐达到消防安全的要求。个人消防安全教育的形式主要有岗位培训教育、技能监督教育两种。

（1）岗位培训教育。这种教育是根据员工操作岗位的实际情况和特点而进行的。为使受教育人员正确掌握应知应会的岗位消防安全内容和要求，教育者必须按规定的内容、要领、方法和程序进行教育。

（2）技能监督教育。这种教育是指消防安全管理员深入到员工操作岗位督促检查消防安全结果时进行的教育。要求各级消防管理人员要经常深入到员工作业岗位，检查消防安全制度和措施落实情况，查看执行是否正确，发现问题要弄清原因，提出措施和要求。根据每个人的不同情况，管理人员还应采取个别劝告或其他方法和手段进行教育。

### （二）按培训教育的层次

在企业、事业单位，消防安全培训按教育层次的不同，可分为厂（单位）、车间（部门）、班组（岗位）三级。要求新职工，包括从其他单位新调入的职工，都要进行三级消防培训安全教育。

1. 厂级教育

新工人来单位报到后，首先要由单位领导、消防安全部门人员和有关技术人员给他们进行消防安全知识教育，介绍本单位的特点、重点部位、安全制度和灭火设施等，学会使用一般灭火器材。从事易燃易爆生产、储存、销售和使用的单位，还要组织他们学习基本的化工知识，使其了解生产的工艺流程。经消防安全教育，考试合格者，填写消防安全教育登记卡，然后持卡到车间、部门报到。未经厂级消防安全教育的新工人，车间不能接收。

2. 车间（工段）级教育

新工人到车间（工段）后，还应进行车间（工段）一级的教育，介绍本车间（工段）的生产特点、具体的消防安全制度及消防器材分布情况等。教育后也要在消防安全教育登记卡上登记。

3. 班组级教育

班组级消防安全教育，主要是结合新工人的具体工种，介绍操作中的防火知识、操作规程，以及发现了事故苗头后的应急措施等。对于在有易燃易爆危险的岗位上操作的人员以及特殊工种人员，只经过基本的消防安全教育还是不能够单独上岗操作的，上岗操作还要先在老工人的监护下进行，在经过一段时间后，经考核确认已具备独立操作的能力时，才可独立操作。

## 第三节　消防安全教育培训的要求

### 一、单位消防安全教育培训

单位应当根据本单位的特点，建立健全消防安全教育培训制度，明确机构和人员，保障教育培训工作经费，按照下列规定对职工进行消防安全教育培训：

（1）定期开展形式多样的消防安全宣传教育；

（2）对新上岗和进入新岗位的职工进行上岗前消防安全培训；

（3）对在岗的职工每年至少进行一次消防安全培训；

（4）消防安全重点单位每半年至少组织一次、其他单位每年至少组织一次灭火和应急疏散演练。

单位应当通过多种形式开展经常性的消防安全宣传教育。消防安全重点单位对每名员工应当至少每年进行一次消防安全培训。单位对职工的消防安全教育培训应当将本单位的火灾危险性、防火灭火措施、消防设施及灭火器材的操作使用方法、人员疏散逃生知识等作为培训的重点。

公众聚集场所对员工的消防安全培训应当至少每半年进行一次，培训的内容应当包括组织、引导在场群众疏散的知识和技能。公众聚集场所在营业、活动期间，应当通过张贴图画、广播、闭路电视等向公众宣传防火、灭火、疏散逃生等常识。

学校、幼儿园应当通过寓教于乐等多种形式对学生和幼儿进行消防安全常识教育。

**二、社区居民委员会、村民委员消防安全教育**

社区居民委员会、村民委员会应当开展下列消防安全教育工作。

（1）组织制定防火安全公约；

（2）在社区、村庄的公共活动场所设置消防宣传栏，利用文化活动站、学习室等场所，对居民、村民开展经常性的消防安全宣传教育；

（3）组织志愿消防队、治安联防队和灾害信息员、保安人员等开展消防安全宣传教育；

（4）利用社区、乡村广播、视频设备定时播放消防安全常识，在火灾多发季节、农业收获季节、重大节日和乡村民俗活动期间，有针对性地开展消防安全宣传教育。

社区居民委员会、村民委员会应当确定至少一名专（兼）职消防安全员，具体负责消防安全宣传教育工作。

**三、物业服务企业消防安全教育**

物业服务企业应当在物业服务工作范围内，根据实际情况积极开展经常性消防安全宣传教育，每年至少组织一次本单位员工和居民参加的灭火和应急疏散演练。

**四、其他单位消防安全教育培训**

(1) 由两个以上单位管理或者使用的同一建筑物，负责公共消防安全管理的单位应当对建筑物内的单位和职工进行消防安全宣传教育，每年至少组织一次灭火和应急疏散演练。

(2) 歌舞厅、影剧院、宾馆、饭店、商场、集贸市场、体育场馆、会堂、医院、客运车站、客运码头、民用机场、公共图书馆和公共展览馆等公共场所应当按照下列要求对公众开展消防安全宣传教育：

1) 在安全出口、疏散通道和消防设施等处的醒目位置设置消防安全标志、标识等；

2) 根据需要编印场所消防安全宣传资料供公众取阅；

3) 利用单位广播、视频设备播放消防安全知识。

(3) 养老院、福利院、救助站等单位，应当对服务对象开展经常性的用火用电和火场自救逃生安全教育。

(4) 旅游景区、城市公园绿地的经营管理单位、大型群众性活动主办单位应当在景区、公园绿地、活动场所醒目位置设置疏散路线、消防设施示意图和消防安全警示标识，利用广播、视频设备、宣传栏等开展消防安全宣传教育。

导游人员、旅游景区工作人员应当向游客介绍景区消防安全常识和管理要求。

(5) 在建工程的施工单位应当开展下列消防安全教育工作：

1) 建设工程施工前应当对施工人员进行消防安全教育；

2) 在建设工地醒目位置、施工人员集中住宿场所设置消防安全宣传栏，悬挂消防安全挂图和消防安全警示标识；

3) 对明火作业人员进行经常性的消防安全教育；

4) 组织灭火和应急疏散演练。

在建工程的建设单位应当配合施工单位做好上述消防安全教育工作。

（6）新闻、广播、电视等单位应当积极开设消防安全教育栏目，制作节目，对公众开展公益性消防安全宣传教育。

（7）公安、教育、民政、人力资源和社会保障、住房和城乡建设、安全监管、旅游部门管理的培训机构，应当根据教育培训对象特点和实际需要进行消防安全教育培训。

**五、有关消防安全管理人员消防安全培训**

《机关、团体、企业、事业单位消防安全管理规定》第38条明确规定，下列人员应当接受消防安全专门培训：

（1）单位的消防安全责任人、消防安全管理人；

（2）专、兼职消防管理人员；

（3）消防控制室的值班、操作人员；

（4）其他依照规定应当接受消防安全专门培训的人员。

对于消防控制室的值班、操作人员，应当在经过培训取得上岗证后方可持证上岗。

**六、消防安全教育培训应注意的问题**

1. 要确保消防安全教育培训工作取得良好的效果，应注意做到以下几点：

（1）领导重视，列入议程，定期进行。单位领导要充分认识消防安全教育培训工作的重要性，将其摆到重要的议事日程，制定具体的年度消防安全教育培训计划，认真抓好落实。

（2）要进行全员教育，全岗位培训，创新消防安全教育培训的内容和手段，确保实际效果。

（3）建立和完善消防安全管理激励机制。单位对消防安全教育培训工作成绩突出的员工，应当给予表彰奖励，以激发广大员工做好消防安全工作的积极性和主动性，提高单位的整体消防安全水平。

（4）消防安全教育培训要注意时效性和针对性，体现知识性和趣味性。消防教育培训应注意利用一切机会，抓住时机进行。在教育的内容上应抓住季节的特点，所使用教育素材必须真实可靠，例证要恰当，增强说服力，并且要富于知识性。对教育内容应进行认真加工，讲述形象、生动、丰富、有趣，以提高教育的效果。

2. 消防安全专业培训机构开展消防安全专业培训，应当将消防安全管理、建筑防火和自动消防设施施工、操作、检测、维护技能作为培训的重点，对经理论和技能操作考核合格的人员，颁发培训证书。

3. 单位违反本规定，构成违反消防管理行为的，由公安机关消防机构依照《消防法》予以处罚。

# 第六章　建筑消防安全检查和火灾隐患整改

## 第一节　消防安全检查

### 一、消防安全检查的概念

所谓消防安全检查，是指为了督促查看所辖单位内部的消防工作情况和查找消防工作中存在的问题而进行的一项安全管理活动，是机关、团体、企业、事业单位实施消防安全管理的一条重要措施，也是控制重大火灾，减少火灾损失的一个重要手段。

《消防法》第52条规定，地方各级人民政府应当对本级人民政府有关部门履行消防安全职责的情况进行监督检查。县级以上地方人民政府有关部门应当根据本系统的特点，有针对性地开展消防安全检查，及时督促整改火灾隐患。

消防安全检查的作用是：(1) 通过消防安全检查，督促各种消防法规、规章制度和措施的贯彻落实。(2) 通过消防安全检查，及时发现工作、生产经营和生活中存在的火灾隐患，督促各有关单位和人员按法规和规章制度的要求进行整改或采取补救措施，从而消除火灾隐患，防止火灾事故的发生。(3) 通过消防安全检查，了解人们对消防工作的重视程度，提高干部和群众的防火警惕性，督促他们自觉做好防火工作。(4) 通过消防安全检查，促进各种消防安全责任制的落实。有关消防管理人员在开展消防安全检查的活动中，通过填写消防安全检查记录表和火灾隐患整改报告，明确存在问题及有关部门、单位的责任、整改意见，从而促进消防安全责任制的落实。(5) 通过开展消防安全检查，可以消除火灾隐患，杜绝火灾的发生，或把火灾消灭在萌芽状态。

## 二、消防安全检查的内容和形式

（一）消防安全检查的内容

消防安全检查的内容，应根据不同的单位、不同季节有所侧重。机关、团体、事业单位应当至少每季度进行一次消防安全检查，其他单位应当至少每月进行一次消防安全检查。检查的内容应当包括：

（1）火灾隐患的整改情况以及防范措施的落实情况；

（2）安全疏散通道、疏散指示标志、应急照明和安全出口情况；

（3）消防车通道、消防水源情况；

（4）灭火器材配置及有效情况；

（5）用火、用电有无违章情况；

（6）重点工种人员以及其他员工消防知识的掌握情况；

（7）消防安全重点部位的管理情况；

（8）易燃易爆危险物品和场所防火防爆措施的落实情况以及其他重要物资的防火安全情况；

（9）消防（控制室）值班情况和设施运行、记录情况；

（10）防火巡查情况；

（11）消防安全标志的设置情况和完好、有效情况；

（12）其他需要检查的内容。

防火检查应当填写检查记录。检查人员和被检查部门负责人应当在检查记录上签名。

单位应当按照建筑消防设施检查维修保养有关规定的要求，对建筑消防设施的完好有效情况进行检查和维修保养。

设有自动消防设施的单位，应当按照有关规定定期对其自动消防设施进行全面检查测试，并出具检测报告，存档备查。

单位应当按照有关规定定期对灭火器进行维护保养和维修检查。对灭火器应当建立档案资料，记明配置类型、数量、设置位置、检查维修单位（人员）、更换药剂的时间等有关情况。

（二）防火巡查的内容

消防安全重点单位应当进行每日防火巡查，并确定巡查的人员、内容、部位和频次。其他单位可以根据需要组织防火巡查。巡查的内容应当包括：

（1）用火、用电有无违章情况；

（2）安全出口、疏散通道是否畅通，安全疏散指示标志、应急照明是否完好；

（3）消防设施、器材和消防安全标志是否在位、完整；

（4）常闭式防火门是否处于关闭状态，防火卷帘下是否堆放物品影响使用；

（5）消防安全重点部位的人员在岗情况；

（6）其他消防安全情况。

公众聚集场所在营业期间的防火巡查应当至少每两小时一次；营业结束时应当对营业现场进行检查，消除遗留火种。医院、养老院、寄宿制的学校、托儿所、幼儿园应当加强夜间防火巡查，其他消防安全重点单位可以结合实际组织夜间防火巡查。

防火巡查人员应当及时纠正违章行为，妥善处置火灾危险，无法当场处置的，应当立即报告。发现初起火灾应当立即报警并及时扑救。

防火巡查应当填写巡查记录，巡查人员及其主管人员应当在巡查记录上签名。

（三）消防安全检查的组织形式

消防安全检查是一项长期的、经常性的工作，所以，在组织形式上应采取经常性检查和季节性检查相结合、群众性检查和专门机关检查相结合、重点检查和普遍检查相结合的方法。其主要的形式有：

1. 基层单位自查

基层单位的防火检查，是组织群众开展经常性防火检查最基本的一种形式，它对预防火灾具有重要的作用。基层单位的自查，是在各单位消防责任人的领导下，由保卫、安全技术和专、兼职防火干部以及义务消防队员和有关职工参加。

（1）一般检查。这种检查是保证单位防火安全的可靠基础。按照岗位防火责任制的要求，以班、组长、安全员、消防员为主，对所在的车间、工段和库房、货场等处的防火安全情况进行的检查。这种检查通常以班前、班后和交接班时为检查的重点。

（2）夜间检查。加强夜间检查是预防夜间发生重大火灾的有效措施。这种检查，主要依靠夜间值班的干部、警卫和专职、兼职防火人员。重点检查电源、火源，并注意其他异常情况。

（3）定期检查。这种检查根据季节的不同特点，并与有关的安全活动结合起来，如在“119”消防宣传日前后，在元旦、春节、“五一”劳动节、国庆节等重大节日进行，通常由单位领导组织并参加。定期检查除了对所有部位进行普遍检查外，还应对重点部位进行重点检查。通过检查，集中力量解决平时检查难以解决的重大问题。

2. 单位主管部门的检查

这种检查由单位的上级主管部门组织实施，它对推动和帮助基层单位落实防火安全措施、消除火灾隐患，具有重要的作用。此种检查通常有互查、抽查和重点检查三种形式。此种检查，单位主管部门应每季度对所属重点单位进行一次检查，并应向当地公安消防机构报告检查情况。

（1）互查。把所属基层单位的防火负责人和保卫、消防、安全技术等有关人员组织起来，在同行业中开展相互检查。这种检查的人员都是同行业的行家，往往能发现一些平时不易发现的火险隐患，并能收到互相学习和促进的效果。

（2）抽查。由主管部门领导组织有关人员，选择一些有代表性的单位进行防火检查。

（3）重点检查。这是对火灾危险性大、发生火灾损失大、伤亡大、影响大的单位和部门进行的一种检查。

除了上述两种组织形式外，还有消防监督机关的检查、地区性联合检查等形式。

## 三、消防安全检查的程序和要求

### （一）消防安全检查的程序

（1）拟定检查工作计划，确定检查目标和主要目的，根据检查目标和检查目的选调各类人员组成检查组。

（2）确定被检查的单位和检查的主要内容，进行时间安排，并提出检查过程中的要求。

（3）深入单位和现场按照听、看、访、议、决几个基本程序，采取不同的方法实施检查。首先要听取被检查单位的汇报和介绍，接着要深入现场察看，再深入到群众中访问了解，然后把听、看、访得到的情况进行综合分析，最后做出结论，进行决断，提出整改意见和对策。

（4）总结汇报，提出书面报告。

### （二）消防安全检查的要求

（1）要认真观察、系统分析、实事求是。对消防安全检查中发现的问题需要认真观察，对问题进行合乎逻辑规律地、系统地、全面地、由此及彼、由表及里地分析，抓住问题的实质和主要方面。针对检查中发现的消防安全问题提出切合实际的解决办法。

（2）要有政策观念、法制观念、群众观念和经济观念。要有政策和法制观念，具体问题的解决要以政策和法规为依据，决不可随心所欲；要有群众观念，充分地相信和依靠群众，深入群众和生产第一线，倾听群众的意见，以更多地得到真实情况，掌握工作主动权，达到检查的目的；要有经济观念，要把火灾隐患的整改建立在保证生产和促进生产这个消防安全的指导思想基础之上，当成一项提高经济效益的措施下大力抓好。

（3）要科学安排时间。由于检查时间安排不同，收到的效果也不尽相同。如，值班问题在夜间最能暴露薄弱环节，因此就应该选择夜间检查值班制度的落实情况和值班人员尽职尽责情况。

（4）要坚持原则，注意原则性和灵活性相结合，检查与指导相结合。在检查过程中，对于重大问题，要敢于坚持原则，但在具体方法上要有一定的灵活性，做到严得合理，宽得得当；检查要与指导相结合，检查不仅要能发现问题，更重要的是解决问题，故应提出解决问题的办法和防止问题再发生的措施，且上级机关应给予具体的帮助和指导。

(5) 要注重效果，不走过场。消防安全检查作用十分重要，因此必须严肃认真、尊重科学、脚踏实地、注重效果，切不可图形式、走过场。要根据本单位的发展情况和季节天气的变化情况，有重点地定期组织检查。但平时也要随时进行检查，不要使问题久拖，以防酿成火灾事故。

(6) 要注意检查通常易被人们忽略的火灾隐患。如易燃物品储存和易燃废物的处置；在严禁用火的场所是否设有醒目的禁火标志，在“严禁吸烟”的区域内是否有烟蒂；爆炸危险场所的电气设备、线路、开关等是否符合防爆等级要求，以及防静电和防雷的接地问题等；查看出口是否锁着或阻塞、避难通道是否阻塞或标志是否合适；灭火器的质量、数量，以及与被保护的场所和物品是否相适应等。

## 第二节　火灾隐患的判定

### 一、火灾隐患的概念

火灾隐患是指违反消防法律、法规和标准，增加了发生火灾的危险性，有可能造成火灾危害的隐藏的祸患。其含义包括以下三点：

(1) 增加了发生火灾的危险性。如违反规定生产、储存、使用、销售易燃易爆危险品；违反规定用火、用电、用气、明火作业等。

(2) 一旦发生火灾，会增加对人身、财产的危害。如随意改变建筑防火分隔、建筑结构防火、防烟排烟设施等，使其失去应有作用；违反建筑物内部装修规定，使用可燃、易燃材料等；堵塞建筑物的安全出口、疏散通道；消防设施、器材损坏失效等。

（3）一旦导致火灾会严重影响灭火救援行动。如缺少消防水源，消防车通道堵塞，消火栓、水泵结合器、消防电梯等不能使用或者不能正常运行等。

## 二、火灾隐患的分类

火灾隐患根据其危险程度和后果危害程度可分为一般火灾隐患和重大火灾隐患：

（1）一般火灾隐患。指某种不安全因素有导致火灾的可能性，并具有一定的危害后果。

（2）重大火灾隐患。指违反消防法律法规，可能导致火灾发生或火灾危害增大，并由此可能造成特大火灾事故后果和严重社会影响的各类潜在不安全因素。

火灾隐患绝大多数是因为违反消防法规和消防技术规范、标准造成的。确定一个不安全因素是否是火灾隐患，不仅要在消防行政法律上有依据，而且还应在消防技术上有标准，应当根据实际情况，全面细致地检查，实事求是地分析确定。

可以直接确定为火灾隐患的情形有：影响人员安全疏散或者灭火救援行动，不能立即改正的；消防设施不完好有效，影响防火灭火功能的；擅自改变防火分区，容易导致火势蔓延、扩大的；在人员密集场所违反消防安全规定，使用、储存易燃易爆危险品，不能立即改正的；不符合城市消防安全布局要求，影响公共安全；其他可能增加火灾实质危险性或者危害性的情形等。

## 三、重大火灾隐患的判定方法

如何判定重大火灾隐患，是消防工作中经常遇到的问题。2007 年 1 月 1 日实施的国家公共安全行业标准《重大火灾隐患判定方法》（GA 653－2006）规定了重大火灾隐患的判定原则，提供了重大火灾隐患的判定方法，也为消防安全评估提供了依据。本标准适用于在用工业与民用建筑（包括人民防空工程）及相关场所因违反或不符合消防法规而形成的重大火灾隐患的判定。

重大火灾隐患的判定应根据实际情况选择直接判定或综合判定的方法，按照判定程序和步骤实施。

（一）建筑场所分类

(1) 公共娱乐场所：具有文化娱乐、健身休闲功能并向公众开放的室内场所。包括影剧院、录像厅、礼堂等演出、放映场所，舞厅、卡拉OK厅等歌舞娱乐场所，具有娱乐功能的夜总会、音乐茶座、酒吧和餐饮场所，游艺、游乐场所，保龄球馆、旱冰场、桑拿等娱乐、健身、休闲场所和互联网上网服务营业场所。

(2) 人员密集场所：人员聚集的室内场所。如：宾馆、饭店等旅馆，餐饮场所，商场、市场、超市等商店，体育场馆，公共展览馆、博物馆的展览厅，金融证券交易场所，公共娱乐场所，医院的门诊楼、病房楼，老年人建筑、托儿所、幼儿园，学校的教学楼、图书馆和集体宿舍，公共图书馆的阅览室，客运车站、码头、民用机场的候车、候船、候机厅（楼），人员密集的生产加工车间、员工集体宿舍等。

(3) 易燃易爆化学物品场所：生产、储存、经营易燃易爆化学物品的场所，包括工厂、仓库、储罐（区）、专业商店、专用车站和码头，可燃气体贮备站、充装站、调压站、供应站，加油加气站等。

(4) 重要场所：发生火灾可能造成重大社会影响和经济损失的场所。如：国家机关，城市供水、供电、供气、供暖调度中心，广播、电视、邮政、电信楼，发电厂（站），省级及以上博物馆、档案馆及文物保护单位，重要科研单位中的关键建筑设施，城市地铁。

（二）直接判定的重大火灾隐患

存在下列隐患的情况应直接判定为重大火灾隐患：

(1) 生产、储存和装卸易燃易爆化学物品的工厂、仓库和专用车站、码头、储罐区，未设置在城市的边缘或相对独立的安全地带；

（2）甲、乙类厂房设置在建筑的地下、半地下室；

（3）甲、乙类厂房、库房或丙类厂房与人员密集场所、住宅或宿舍混合设置在同一建筑内；

（4）公共娱乐场所、商店、地下人员密集场所的安全出口、楼梯间的设置形式及数量不符合规定；

（5）旅馆、公共娱乐场所、商店、地下人员密集场所未按规定设置自动喷水灭火系统或火灾自动报警系统；

（6）易燃可燃液体、可燃气体储罐（区）未按规定设置固定灭火、冷却设施。

（三）综合判定的重大火灾隐患

1. 综合判定要素

（1）总平面布置未按规定设置消防车道或消防车道被堵塞、占用。

（2）建筑之间的既有防火间距被占用。

（3）城市建成区内的液化石油气加气站、加油加气合建站的储量达到或超过《汽车加油加气站设计与施工规范》（GB 50156—2002）对一级站的规定。

（4）丙类厂房或丙类仓库与集体宿舍混合设置在同一建筑内。

（5）托儿所、幼儿园的儿童用房及儿童游乐厅等儿童活动场所，老年人建筑，医院、疗养院的住院部分等与其他建筑合建时，所在楼层位置不符合规定。

（6）地下车站的站厅乘客疏散区、站台及疏散通道内设置商业经营活动场所。

（7）擅自改变原有防火分区，造成防火分区面积超过规定的50％。

（8）防火门、防火卷帘等防火分隔设施损坏的数量超过该防火分区防火分隔设施数量的50％。

（9）丙、丁、戊类厂房内有火灾爆炸危险的部位未采取防火防爆措施，或这些措施不能满足防止火灾蔓延的要求。

（10）擅自改变建筑内的避难走道、避难间、避难层与其他区域的防火分隔设施，或避难走道、避难间、避难层被占用、堵塞而无法正常使用。

（11）建筑物的安全出口数量不符合规定，或被封堵。

（12）按规定应设置独立的安全出口、疏散楼梯而未设置。

（13）商店营业厅内的疏散距离超过规定距离的 25%。

（14）高层建筑和地下建筑未按规定设置疏散指示标志、应急照明，或损坏率超过 30%；其他建筑未按规定设置疏散指示标志、应急照明，或损坏率超过 50%。

（15）设有人员密集场所的高层建筑的封闭楼梯间、防烟楼梯间门的损坏率超过 20%，其他建筑的封闭楼梯间、防烟楼梯间门的损坏率超过 50%。

（16）民用建筑内疏散走道、疏散楼梯间、前室室内的装修材料燃烧性能低于 $B_1$ 级。

（17）人员密集场所的疏散走道、楼梯间、疏散门或安全出口设置栅栏、卷帘门。

（18）除公共娱乐场所、商店、地下人员密集场所以外的其他场所，其安全出口、楼梯间的设置形式及数量不符合规定。

（19）设有人员密集场所的建筑既有外窗被封堵或被广告牌等遮挡，影响逃生和灭火救援。

（20）高层建筑的举高消防车作业场地被占用，影响消防扑救作业。

（21）一类高层民用建筑的消防电梯无法正常运行。

（22）未按规定设置消防水源。

（23）未按规定设置室外消防给水设施，或已设置但不能正常使用。

（24）未按规定设置室内消火栓系统，或已设置但不能正常使用。

（25）除旅馆、公共娱乐场所、商店、地下人员密集场所以外的其他场所未按规定设置自动喷水灭火系统。

(26) 未按规定设置除自动喷水灭火系统外的其他固定灭火设施。

(27) 已设置的自动喷水灭火系统或其他固定灭火设施不能正常使用或运行。

(28) 人员密集场所未按规定设置防烟排烟设施，或已设置但不能正常使用或运行。

(29) 消防用电设备未按规定采用专用的供电回路。

(30) 未按规定设置消防用电设备末端自动切换装置，或已设置但不能正常工作。

(31) 除旅馆、公共娱乐场所、商店、地下人员密集场所以外的其他场所未按规定设置火灾自动报警系统。

(32) 火灾自动报警系统处于故障状态，不能恢复正常运行。

(33) 自动消防设施不能正常联动控制。

(34) 违反规定在可燃材料或可燃构件上直接敷设电气线路或安装电气设备。

(35) 易燃易爆化学物品场所未按规定设置防雷、防静电设施，或防雷、防静电设施失效。

(36) 易燃易爆化学物品或有粉尘爆炸危险的场所未按规定设置防爆电气设备，或防爆电气设备失效。

(37) 违反规定在公共场所使用可燃材料装修。

2. 人员密集场所重大火灾隐患的判定

人员密集场所存在上述(10)～(18)、(28)、(37)隐患判定要素2项或2项以上时，应判定为重大火灾隐患；存在上述(1)～(37)3项或3项以上隐患判定要素时，应判定为重大火灾隐患。

3. 易燃易爆化学物品场所重大火灾隐患的判定

易燃易爆化学物品场所存在上述(1)～(4)、(26)、(27)隐患判定要素2项或2项以上的情况，应判定为重大火灾隐患；存在上述(1)～(37)隐患判定要素3项或3项以上的情况，应判定为重大火灾隐患。

4. 重要场所重大火灾隐患的判定

重要场所存在上述(1)～(37)隐患判定要素3项或3项以上的情况，应判定为重大火灾隐患。

5. 其他场所重大火灾隐患的判定

其他场所存在上述(1)～(37)隐患判定要素4项或4项以上的情况，应判定为重大火灾隐患。

(四) 不判定为重大火灾隐患的特殊情形

值得注意的是，下列任一种情形可不判定为重大火灾隐患：

(1) 可以立即整改的；

(2) 因国家标准修订引起的（法律法规有明确规定的除外）；

(3) 对重大火灾隐患依法进行了消防技术论证，并已采取相应技术措施的；

(4) 发生火灾不足以导致特大火灾事故后果或严重社会影响的。

(五) 重大火灾隐患的判定程序

(1) 进行现场检查核实，并获取相关影像、文字资料；

(2) 组织集体讨论判定，且参与人数不应少于3人；

(3) 对于涉及复杂疑难的技术问题，按照本标准判定重大火灾隐患有困难的，应由公安消防机构组织专家成立专家组进行技术论证。专家组应由当地政府有关行业主管、监管部门和相关消防技术的专家组成，人数不应少于7人；

(4) 集体讨论或专家技术论证时，建筑业主和管理、使用单位等涉及利害关系的人员可以参加讨论，但不应进入专家组；

(5) 集体讨论或专家技术论证应形成结论性意见，作为判定重大火灾隐患的依据。判定为重大火灾隐患的结论性意见应有三分之二以上专家同意；

(6) 集体讨论和专家技术论证应当提出合理可行的整改措施和期限。

## 第三节　火灾隐患的整改

### 一、整改火灾隐患的意义和规定

整改火灾隐患是消防安全工作的一项基本任务，也是做好消防安全工作的一项重要措施。消除火灾隐患的关键步骤在于整改，整改不落实，任何形式的防火检查都会落空，失去意义。

关于整改火灾隐患，《消防法》的规定有：第16条，机关、团体、企业、事业等单位应当履行组织防火检查，及时消除火灾隐患的消防安全职责。第52条，县级以上地方人民政府有关部门应当根据本系统的特点，有针对性地开展消防安全检查，及时督促整改火灾隐患。第54条，公安机关消防机构在消防监督检查中发现火灾隐患的，应当通知有关单位或者个人立即采取措施消除隐患；不及时消除隐患可能严重威胁公共安全的，公安机关消防机构应当依照规定对危险部位或者场所采取临时查封措施。第55条，公安机关消防机构在消防监督检查中发现城乡消防安全布局、公共消防设施不符合消防安全要求，或者发现本地区存在影响公共安全的重大火灾隐患的，应当由公安机关书面报告本级人民政府。接到报告的人民政府应当及时核实情况，组织或者责成有关部门、单位采取措施，予以整改。第60条，单位违反消防法规定，对火灾隐患经公安机关消防机构通知后不及时采取措施消除的，责令改正，处一定数额的罚款。

### 二、火灾隐患的整改方法

火灾隐患的整改，按隐患的危险和整改的难易程度，可以分为立即改正和限期整改两种方法。

#### （一）立即改正

立即改正的方法，是指不立即改正随时就有发生火灾的危险，或对整改起来比较简单，不需要花费较多的时间、人力、物力、财力，对生产经营活动不产生较大影响的隐患等，存在隐患的单位、部位当场进行整改的方法。消防安全检查人员在安全检查时，应当责令立即改正，并在《消防安全检查记录》上记载。对下列违反消防安全规定的行为，单位应当责成有关人员当场改正并督促落实：

(1) 违章进入生产、储存易燃易爆危险物品场所的；

(2) 违章使用明火作业或者在具有火灾、爆炸危险的场所吸烟、使用明火等违反禁令的；

(3) 将安全出口上锁、遮挡，或者占用、堆放物品影响疏散通道畅通的；

(4) 消火栓、灭火器材被遮挡影响使用或者被挪作他用的；

(5) 常闭式防火门处于开启状态，防火卷帘下堆放物品影响使用的；

(6) 消防设施管理、值班人员和防火巡查人员脱岗的；

(7) 违章关闭消防设施、切断消防电源的；

(8) 其他可以当场改正的行为。

(二) 限期整改

限期整改是指对过程比较复杂，涉及面广，影响生产比较大，又要花费较多的时间、人力、物力、财力才能整改的隐患，而采取的一种限制在一定期限内进行整改的方法。限期整改一般情况下都应由隐患存在单位负责，成立专门组织，各类人员参加研究，并根据公安机关消防机构的《重大火灾隐患整改通知书》或《停产停业整改通知书》的要求，结合本单位的实际情况制订出一套切实可行并限定在一定时间或期限内整改完毕的方案，并将方案报请上级主管部门和当地公安机关消防机构批准。火灾隐患整改完毕后，应申请复查验收。

对不能当场改正的火灾隐患，消防工作归口管理职能部门或者专兼职消防管理人员应当根据本单位的管理分工，及时将存在的火灾隐患向单位的消防安全管理人或者消防安全责任人报告，提出整改方案。消防安全管理人或者消防安全责任人应当确定整改的措施、期限以及负责整改的部门、人员，并落实整改资金。

在火灾隐患未消除之前，单位应当落实防范措施，保障消防安全。不能确保消防安全，随时可能引发火灾或者一旦发生火灾将严重危及人身安全的，应当将危险部位停产停业整改。

火灾隐患整改完毕，负责整改的部门或者人员应当将整改情况记录报送消防安全责任人或者消防安全管理人签字确认后存档备查。

对于涉及城市规划布局而不能自身解决的重大火灾隐患，以及机关、团体、事业单位确无能力解决的重大火灾隐患，单位应当提出解决方案并及时向其上级主管部门或者当地人民政府报告。

对公安消防机构责令限期改正的火灾隐患，单位应当在规定的期限内改正并写出火灾隐患整改复函，报送公安消防机构。

# 第七章 建筑消防技术措施

## 第一节 建筑材料防火

### 一、建筑材料的防火性能

建筑物是由各种建筑材料建造起来的。建筑材料在建筑物中有的用做结构材料，承受各种荷载的作用；有的用做室内装修材料，美化室内环境，给人们创造一个良好的生活或工作环境；有的用做功能材料，满足保温、隔热、防水等方面的使用要求。这些建筑材料高温下的性能直接关系到建筑物的火灾危险性大小，发生火灾后火势蔓延的速度和建筑的结构安全。

在建筑防火中，衡量建筑材料高温性能好坏通常考虑五个方面：

1. 燃烧性能

建筑材料的燃烧性能包括着火性、火焰传播性、燃烧速度和发热量等。

2. 力学性能

要研究材料在高温作用下力学性能（尤其是强度性能）随温度的变化关系。对于结构材料，在火灾高温作用下保持一定的强度是至关重要的。

3. 发烟性能

材料燃烧时会产生大量的烟，它除了对人身造成危害之外，还严重妨碍人员的疏散行动和消防扑救工作进行。在许多火灾中，大量死难者并非烧死，而是烟气窒息造成死亡。

4. 毒性性能

在烟气生成的同时，材料燃烧或热解中还产生一定的毒性气体。据统计，建筑火灾中人员死亡80%为烟气中毒而死，因此对材料的潜在毒性必须加以重视。

5. 隔热性能

在隔绝火灾高温热量方面，材料的导热系数和热容量是两个最为重要的影响因素。此外，材料的膨胀、收缩、变形、裂缝、熔化、粉化等因素也对隔热性能有较大的影响。

**二、建筑材料的燃烧性能分级**

建筑材料的燃烧性能通常分为四个级别，即不燃性材料，用符号A表示；难燃性材料，用符号$B_1$表示；可燃性材料，用符号$B_2$表示；易燃性材料，用符号$B_3$表示。

1. 不燃性建筑材料

属于不燃性材料的建筑材料有钢材、混凝土、钢筋混凝土、黏土砖瓦、石膏板、玻璃、陶瓷、石材以及含有少量有机胶粘剂的陶瓷棉毡、板等。不燃性材料没有潜在火灾危险，从建筑防火角度讲是最理想的使用材料。

2. 难燃性建筑材料

难燃性建筑材料受到火烧或高温作用时难起火、难微燃、难碳化，并且当火源移走后，燃烧或微燃立即停止。如水泥木屑板、纸面石膏板、涂刷防火涂料的木板等。属于这一级别的材料多为有机、无机复合材料。

3. 可燃性材料

可燃性材料受到火烧或高温作用能立即起火燃烧，当火源移走后，仍能继续燃烧。有机材料多属于可燃性材料，如木材、纤维板、聚氯乙烯塑料板、橡胶等。

4. 易燃性材料

达不到可燃性材料级别的均属于易燃性材料。易燃性材料主要为薄型、多孔的有机高分子材料，如普通墙纸、聚苯乙烯泡沫板、厚度≤1.3mm的木板等。

值得注意的是，可燃性材料和易燃性材料火灾危险性大，作为建筑材料要严格限制使用。

## 三、常用建筑材料的高温性能

1. 有机材料

有机材料都具有可燃性。有机材料在300℃以前会发生碳化、燃烧、熔融等变化。建筑材料中常用的有机材料有木材、塑料、胶合板、纤维板、木屑板等。

木材具有重量轻，强度大，导热系数小，容易加工，装饰性好，取材广泛等优点。木材的明显缺陷是容易燃烧，为改变其燃烧性能，通常对木材进行阻燃处理。

阻燃胶合板具有生产、工艺简单，阻燃性能好等优点。外观与普通胶合板相同，保持木材原有纹理。无毒、无特殊气味，易于进行各种装饰、涂饰和加工。

纤维板的燃烧性能取决于胶粘剂。使用无机胶粘剂，则制成难燃的纤维板。使用各种树脂作胶粘剂，则随着树脂的不同，制成易燃或难燃的纤维板。

难燃刨花板是以木质刨花或木质纤维（如木片、木屑等）为原料，掺加胶粘剂、阻燃剂、防腐剂和防水剂等组料经压制而成。这种板材属于难燃性的建筑材料，除供制造家具外，广泛用作建筑物的隔墙、墙裙和吊顶等。

阻燃壁纸具有防火、不导燃、防水、防潮、吸音、隔热、粘贴方便、质轻等优点。主要用于高级宾馆、饭店、酒吧、机场、剧院、住宅以及其他具有防火要求的建筑的顶棚、墙面等。

常用的塑料燃烧特性见表7-1。

**塑料燃烧特性** **表7-1**

| 塑料名称 | | 燃烧难易程度 | 离开火焰后，是否燃烧 | 火焰的状态 | 表面变化 | 燃烧时气味 |
|---|---|---|---|---|---|---|
| 热塑性塑料 | 聚氯乙烯 | 难燃 | 不燃 | 黄色、外边绿色 | 软化 | 盐酸气味 |
| | 聚乙烯 | 易燃 | 燃烧 | 蓝色、上端黄色 | 熔融滴落 | 石蜡气味 |

续表

| 塑料名称 | | 燃烧难易程度 | 离开火焰后，是否燃烧 | 火焰的状态 | 表面变化 | 燃烧时气味 |
| --- | --- | --- | --- | --- | --- | --- |
| 热塑性塑料 | 聚丙烯 | 易燃 | 燃烧 | 蓝色、上端黄色 | 膨胀滴落 | 石油气味 |
| | 聚苯乙烯 | 易燃 | 燃烧 | 橙黄色、浓黑烟、向空中喷出黑碳末 | 发软 | 特殊气味 |
| | 尼龙 | 缓燃 | 缓熄 | 蓝色火焰、上端黄色 | 熔融滴落 | 烧羊毛味 |
| | 有机玻璃 | 易燃 | 燃烧 | 黄色、上端蓝色 | 发软 | 香味 |
| | 赛璐珞 | 剧烈燃烧 | 燃烧 | 黄色 | 全烧光 | 无味 |
| 热固性塑料 | 酚醛塑料（无填料） | 难燃 | 不燃 | 黄色火花 | 裂纹、变深色 | 甲醛味 |
| | 酚醛塑料（木粉填料） | 缓燃 | 不燃 | 黄色、黑烟 | 膨胀、裂缝 | 木材和甲醛味 |
| | 脲醛塑料 | 难燃 | 不燃 | 黄色、上端蓝色 | 膨胀、裂纹发白 | 甲醛味 |
| | 三聚氰胺塑料 | 难燃 | 不燃 | 淡黄色 | 膨胀、裂纹发白 | 甲醛味 |

2. 无机材料

建筑中使用的无机材料在高温性能方面存在的问题是导热、变形、爆裂、强度降低、组织松懈等，这些问题往往是由于高温时的热膨胀收缩不一致引起的。此外，铝材、花岗石、大理石、钠钙玻璃等建筑材料在高温时会出现软化、熔融等现象。

建筑钢材是在严格的技术控制下生产的材料，具有强度大、塑性和韧性好、品质均匀、可焊可铆、制成的钢结构重量轻等优点。但就防火而言，钢材虽然属于不燃性材料，耐火性能却很差。因此，对用于重要建筑物的钢结构必须进行耐火保护，以提高其耐火性能。

混凝土热容量大，导热系数小，火灾高温下升温慢，是一种具有良好耐火性能的材料。

黏土砖经过高温煅烧，受到高温作用时性能保持平稳，耐火性良好。黏土砖受 800～900℃的高温作用时无明显破坏。

石材是一种耐火性较好的材料。常用的轻质砌块和板材有加气混凝土砌块和板材、轻质混凝土砌块与板材、粉煤灰墙体材料等，都具有良好的耐火性能。

岩棉和矿渣棉及其制品、玻璃棉及其制品、硅酸铝纤维及其制品、膨胀珍珠岩及其制品、膨胀蛭石及其制品、硅酸钙及其制品等，属于常用的轻质无机防火材料。

岩棉板和矿渣棉板是新型的轻质绝热防火板材，广泛用于建筑物的屋面、墙体和防火门上。岩棉板以岩棉为基材，矿渣棉板以矿渣棉为基材。岩棉和矿渣棉都是不燃的无机纤维，是良好的不燃性板材，可长期使用在 400～600℃的温度下。矿棉板经进一步深加工，可制成矿棉装饰吸声板，广泛用于影剧院、宾馆、播音室、办公室、办公楼、商店等建筑的墙面和顶棚的吸音、隔声、保温、隔热及装饰。

玻璃棉板是以玻璃棉无机纤维为基材，掺加适量胶粘剂和附加剂，经成型烘干而成的一种新型轻质不燃板材，可长期在300～400℃的温度环境中使用，在建筑中常用作围护结构的保温、隔热、吸音材料。

石棉水泥材料虽然属于不燃性材料，但在火灾高温下容易发生爆裂现象，在高温时遇水冷却便立即发生破坏。石棉水泥瓦、板除了具有重量轻、耐水、不燃烧的特性外，还具有一定的强度和脆性性能，因而成为建造有爆炸危险建筑轻质泄压屋盖和墙体的理想材料。

膨胀珍珠岩板属于不燃板材，可长期在 900℃的条件下使用。这种材料具有容重小、导热系数低、承压能力较强、施工方便、经济耐用等特点。膨胀珍珠岩装饰吸声板常用于影剧院、礼堂、播音室、会议室等公共建筑的音质处理及工厂的噪声控制，同时用于民用公共建筑的顶棚、室内墙面的装修。

硅酸钙板是一种轻质不燃板材，可长期在 650℃的条件下使用。硅酸钙板具有容重轻、导热系数小、强度高、不老化、不燃和允许使用温度高等特点，广泛应用于冶金、化工、电力造船、机械、建材等行业中表面温度不大于650℃的各类设备、管道及附件上，作隔热保温。

石膏制品质轻，具有一定的保温隔热、吸声性能，且耐火性好，尺寸稳定，装饰美观，可加工性能好。石膏板材有纸面石膏板、纤维石膏板、石膏装饰板、石膏吸声板、石膏空心条板、石膏珍珠岩空心板、石膏硅酸盐空心条板、石膏刨板等。由于建筑石膏具有良好的防火特性，现代各种建筑物，尤其是高层建筑的墙体和天花吊顶，都广泛使用石膏制品。

纤维增强水泥板材具有厚度小、质量轻、抗拉强度和抗冲击强度高、耐冷热、不受气候变化影响、不燃烧等特点，可加工性好，可用作各种墙体及复合墙体。

钢丝网夹芯复合板是以轻质板材为覆面板或用混凝土作面层和结构层，轻质保温材料作芯材所构成的复合板材。钢丝网架夹芯板一般为夹芯板安装后，在现场喷抹砂浆，也有在工厂预先喷抹水泥砂浆后，再运至工地安装。常用的钢丝网夹芯复合板材有泰柏板（TIP)、岩棉夹心板（GY板）等。

普通平板玻璃大量用于建筑的门窗，其虽属于不燃材料，但耐火性能很差，在火灾高温作用下由于表面的温差会很快破碎。门、窗上的玻璃在火灾条件下大多在250℃左右，由于其变形受到门、窗框的限制而自行破裂。

防火玻璃在标准火灾试验条件下，能在一定时间内保持耐火完整性和隔热性。它主要用于防火门、窗和玻璃防火隔墙。建筑防火玻璃的种类有：复合防火玻璃、夹丝玻璃、泡沫玻璃。目前国内普遍采用的是复合防火玻璃和夹丝玻璃。

值得注意，目前玻璃钢瓦广泛用于建筑中，最多见的是作为屋顶材料。所谓的玻璃钢是一种可燃的塑料制品，遇明火后会很快燃烧。而建筑中使用的玻璃钢瓦是在原材料中添加阻燃剂制成的滞燃性物质。它在点燃后，当明火离开时，火焰即会熄灭，比普通玻璃钢的防火性能好一些，但它在火灾情况下，无法抵挡火势的侵袭，会使火势蔓延扩大，因此不能作为耐火材料使用。

3. 防火涂料

涂料是指涂敷于物体表面，并能很好地粘结形成完整的保护膜的物料。防火涂料属于特种涂料，一般由胶粘剂、防火剂、防火隔热填充料及其他添加剂组成。当它用于可燃性基材表面时，则在火灾高温作用下可以降低材料表面燃烧特性，改变其燃烧性能，推迟或消除引燃过程，阻滞火灾迅速蔓延，并可提高其耐火时间；当它用于不燃性建筑构件（如钢结构、预应力钢筋混凝土楼板等）时，则在火灾高温作用下可以有效地降低构件温度上升速度，提高其耐火时间。

## 第二节 建筑耐火等级

### 一、耐火等级的概念

耐火等级是衡量建筑物耐火程度的分级。保证建筑物具有一定的耐火等级是一项最基本的防火技术措施。火灾实例说明，耐火等级高的建筑物，发生火灾的次数少，火灾时被火烧坏、倒塌的很少；耐火等级低的建筑，发生火灾概率大，火灾时往往容易被烧坏，造成局部或整体倒塌，火灾损失大。对于不同类型、性质的建筑提出不同的耐火等级要求，可做到既有利于消防安全，又有利于节约基本建设投资。

建筑物具有较高的耐火等级，可以起到的作用是：（1）在建筑物发生火灾时，确保其在一定时间内不破坏、不传播火灾，延缓和阻止火势的蔓延；（2）为人们安全疏散提供必要的疏散时间，保证建筑物内人员安全脱险；（3）为消防人员扑救火灾创造有利条件；（4）为建筑物火灾后重新修复使用提供有利条件。

建筑物的耐火等级高低决定于建筑构件的燃烧性能与耐火时间。

### 二、建筑构件的燃烧性能

建筑构件的燃烧性能，反映了建筑构件遇火烧或高温作用时的燃烧特点，它由制成建筑构件的材料的燃烧性能而定。不同燃烧性能建筑材料制成的建筑构件，可分为三类：

1. 不燃烧体

不燃烧体是指用不燃材料做成的建筑构件。这种构件在空气中受到火烧或高温作用时，不起火、不微燃、不碳化。如砖墙、砖柱，钢筋混凝土梁、板、柱，钢梁等。

2. 难燃烧体

难燃烧体是指用难燃材料做成的建筑构件或用可燃材料做成而用不燃材料做保护层的建筑构件。这类构件在空气中受到火烧及高温作用时，难起火、难微燃、难碳化，当火源移走后，燃烧或微燃立即停止。如阻燃胶合板吊顶、经阻燃处理的木质防火门、木龙骨板条抹灰隔墙等。

3. 燃烧体

燃烧体是指用可燃材料做成的建筑构件。这类构件在明火或高温作用下，能立即着火燃烧，且火源移走后，仍能继续燃烧或微燃。如木柱、木屋架、木搁栅、纤维板吊顶等。

**三、建筑构件的耐火极限**

建筑构件的耐火极限是指，在标准耐火试验条件下，建筑构件、配件或结构从受到火的作用时起，到失去稳定性、完整性或隔热性时止的这段时间，用小时表示。在《建筑设计防火规范》（GB 50016—2006）附录中可查取建筑构件的耐火极限数值。

**四、建筑物耐火等级的划分**

建筑物耐火等级是由组成建筑物的墙、柱、梁、楼板、屋顶承重构件和吊顶等主要建筑构件的燃烧性能和耐火极限决定的。建筑设计防火规范将单、多层建筑物的耐火等级划分为一级、二级、三级、四级共 4 个级别，高层建筑物的耐火等级划分为一级、二级共 2 个级别。建筑物所要求的耐火等级确定之后，其各种建筑构件的燃烧性能和耐火极限均不应低于相应耐火等级的规定。

确定建筑物耐火等级的目的是使不同用途的建筑物具有与之相适应的耐火安全储备，以做到有利于建筑消防安全，又利于节约建筑造价。选定建筑物耐火等级考虑因素主要有：建筑物的重要性，建筑物的火灾危险性，建筑物的高度和可燃物的数量。

《建筑设计防火规范》（GB 50016—2006）规定：重要公共建筑的耐火等级不应低于二级。商店、学校等人员密集场所的耐火等级不宜低于二级。地下、半地下建筑（室）的耐火等级应为一级。对于其他民用建筑（如居住建筑），在层数较少时，可以采用三级或四级耐火等级的建筑。

《高层民用建筑设计防火规范》（GB 50045—1995）规定：一类高层建筑的耐火等级应为一级；二类高层建筑的耐火等级不应低于二级；裙房的耐火等级不应低于二级；高层建筑地下室的耐火等级应为一级。

选定了建筑物的耐火等级后，必须保证建筑物的所有构件均满足该耐火等级对构件耐火极限和燃烧性能的要求。对下述厂房和仓库的要求也一样。

厂房的耐火等级，主要根据其生产的火灾危险性类别而定。一般情况下，甲、乙类生产应采用一、二级耐火等级的建筑；丙类生产厂房的耐火等级不应低于三级。厂房的耐火等级、层数和每个防火分区的最大允许建筑面积应符合《建筑设计防火规范》（GB 50016—2006）的规定。

生产的火灾危险性根据生产中使用或产生的物质性质及其数量等因素，分为甲、乙、丙、丁、戊类共 5 个类别，应符合表 7-2的规定。

**生产的火灾危险性分类　　　　表 7-2**

| 生产类别 | 使用或产生下列物质生产的火灾危险性特征 |
|---|---|
| 甲 | 1. 闪点小于 28℃的液体；<br>2. 爆炸下限小于 10%的气体；<br>3. 常温下能自行分解或在空气中氧化能导致迅速自燃或爆炸的物质；<br>4. 常温下受到水或空气中水蒸气的作用，能产生可燃气体并引起燃烧或爆炸的物质； |

续表

| 生产类别 | 使用或产生下列物质生产的火灾危险性特征 |
|---|---|
| 甲 | 5. 遇酸、受热、撞击、摩擦、催化以及遇有机物或硫磺等易燃的无机物，极易引起燃烧或爆炸的强氧化剂；<br>6. 受撞击、摩擦或与氧化剂、有机物接触时能引起燃烧或爆炸的物质；<br>7. 在密闭设备内操作温度大于等于物质本身自燃点的生产 |
| 乙 | 1. 闪点大于等于 28℃，但小于 60℃的液体；<br>2. 爆炸下限大于等于 10%的气体；<br>3. 不属于甲类的氧化剂；<br>4. 不属于甲类的化学易燃危险固体；<br>5. 助燃气体；<br>6. 能与空气形成爆炸性混合物的浮游状态的粉尘、纤维、闪点大于等于 60℃的液体雾滴 |
| 丙 | 1. 闪点大于等于 60℃的液体；<br>2. 可燃固体 |
| 丁 | 1. 对不燃烧物质进行加工，并在高温或熔化状态下经常产生强辐射热、火花或火焰的生产；<br>2. 利用气体、液体、固体作为燃料或将气体、液体进行燃烧作其他用的各种生产；<br>3. 常温下使用或加工难燃烧物质的生产 |
| 戊 | 常温下使用或加工不燃烧物质的生产 |

在选定仓库耐火等级时除了要根据其储存物品的火灾危险性类别及储存要求外，还应考虑储存物品的贵重程度。仓库的耐火等级、层数和面积应符合《建筑设计防火规范》（GB 50016—2006）的规定。

储存物品的火灾危险性根据储存物品的性质和储存物品中的可燃物数量等因素，分为甲、乙、丙、丁、戊类共 5 个类别，应符合表 7-3 的规定。

**储存物品的火灾危险性分类** **表 7-3**

| 仓库类别 | 储存物品的火灾危险性特征 |
|---|---|
| 甲 | 1. 闪点＜28℃的液体；<br>2. 爆炸下限＜10%的气体，以及受到水或空气中水蒸气的作用，能产生爆炸下限＜10%气体的固体物质；<br>3. 常温下能自行分解或在空气中氧化能导致迅速自燃或爆炸的物质；<br>4. 常温下受到水或空气中水蒸气的作用，能产生可燃气体并引起燃烧或爆炸的物质；<br>5. 遇酸、受热、撞击、摩擦以及遇有机物或硫磺等易燃的无机物，极易引起燃烧或爆炸的强氧化剂；<br>6. 受撞击、摩擦或与氧化剂、有机物接触时能引起燃烧或爆炸的物质 |
| 乙 | 1. 闪点≥28℃且＜60℃的液体；<br>2. 爆炸下限≥10%的气体；<br>3. 不属于甲类的氧化剂；<br>4. 不属于甲类的化学易燃危险固体；<br>5. 助燃气体；<br>6. 常温下与空气接触能缓慢氧化，积热不散引起自燃的物品 |
| 丙 | 1. 闪点≥60℃的液体；<br>2. 可燃固体 |
| 丁 | 难燃烧物品 |
| 戊 | 不燃烧物品 |

## 第三节 室内装修防火

国内外大量的火灾统计表明，许多建筑火灾是由于其内部装修材料的燃烧引起的，造成人员重大伤亡和财产损失也是由于装修材料采用了大量的可燃、易燃材料所致。建筑内部采用可燃、易燃性材料装修的火灾危险性表现在：（1）使建筑失火的几率增大；（2）传播火焰，使火势迅速蔓延扩大；（3）造成室内大面积燃烧提前发生；（4）增大了建筑内的火灾荷载；（5）严重影响人员安全疏散和扑救。因此，必须高度重视室内装修防火，要严格按照规定选定装修材料，尽可能使用不燃材料和难燃材料，严格限制使用可燃材料和易燃材料。

## 一、室内装修材料的用途和功能分类

为了便于对材料的燃烧性能进行测试和分级，安全合理地根据建筑的规模、用途、场所、部位等选用内部装修材料，按照装修材料在内部装修中的使用部位和功能，将其划分为七类，即：顶棚装修材料、墙面装修材料、地面装修材料、隔断装修材料、固定家具、装饰织物（系指窗帘、帷幕、床罩、家具包布等）及其他装饰材料（系指楼梯扶手、挂镜线、踢脚板、窗帘盒、暖气罩等）。

隔断系指不到顶的隔断。到顶的固定隔断装修应与墙面的规定相同。

柱面的装修应与墙面的规定相同。

## 二、室内装修材料按燃烧性能分级

按照现行国家标准，根据装修材料的不同燃烧性能，将内部装修材料分为四级，见表 7-4。

**装修材料燃烧性能等级　　表 7-4**

| 等　级 | 装修材料燃烧性能 | 等　级 | 装修材料燃烧性能 |
| --- | --- | --- | --- |
| A | 不燃性 | $B_2$ | 可燃性 |
| $B_1$ | 难燃性 | $B_3$ | 易燃性 |

装修材料的燃烧性能等级应按有关规定由专业检测机构检测确定。$B_3$ 级装修材料可不进行检测。常用建筑内部装修材料燃烧性能等级划分举例见表 7-5。

**常用建筑内部装修材料燃烧性能等级划分举例　　表 7-5**

| 材料类别 | 级别 | 材 料 举 例 |
| --- | --- | --- |
| 各类材料 | A | 花岗石、大理石、水磨石、水泥制品、混凝土制品、石膏板、石灰制品、黏土制品、玻璃、瓷砖、马赛克、火山灰制品、粉煤灰制品、石棉制品、蛭石制品、岩棉制品、玻璃棉制品、菱苦土制品、钢铁、铝、铜合金等 |

续表

| 材料类别 | 级别 | 材料举例 |
|---|---|---|
| 顶棚材料 | $B_1$ | 纸面石膏板、纤维石膏板、铝箔玻璃钢复合材料、水泥刨花板、矿棉装饰吸声板、难燃酚醛胶合板、岩棉装饰板、玻璃棉装饰吸声板、仿瓷面天花板、难燃木材、珍珠岩装饰吸声板、大漆建筑装饰板、经阻燃处理的胶合板、中密度纤维板等 |
| | | 玻璃纤维印花装饰布、铝箔复合材料等 |
| 墙面材料 | $B_1$ | 难燃双面刨花板、防火装饰板、难燃仿花岗岩装饰板、氯氧镁水泥装配式墙板、难燃玻璃钢平板、防火塑料装饰板材、玻璃钢层压板、PVC塑料护墙板、轻质高强复合墙板、纸面石膏板、阻燃模压木质复合材料、彩色阻燃木材、阻燃玻璃钢、水泥木屑板、防火刨花板、马尾松阻燃木材、纤维石膏板、水泥刨花板、矿棉板、玻璃棉板、珍珠岩板、大漆建筑装饰板、合成石装饰板、经阻燃处理的胶合板、中密度纤维板 |
| | | 多彩涂料、阻燃处理的墙纸、墙布等 |
| | $B_2$ | 各类天然木材、木质人造板、竹材、纸制装饰板、装饰微薄木贴面板、印刷木纹人造板、塑料贴面装饰板、聚酯装饰板、复塑装饰板、塑纤板、胶合板等 |
| | | 塑料壁纸、无纺贴墙布、墙布、复合壁纸、天然材料壁纸、人造革等 |
| 地面材料 | $B_1$ | 硬PVC塑料地板、水泥刨花板、水泥木丝板、复合木地板、氯丁橡胶地板等 |
| | $B_2$ | 半硬质PVC塑料地板、木地板、PVC卷材地板、木地板、氯纶地毯等 |
| 装饰织物 | $B_1$ | 经阻燃处理的各类织物 |
| | $B_2$ | 纯毛装饰布、纯麻装饰布、经阻燃处理的其他织物 |
| 其他装饰材料 | $B_1$ | 聚氯乙烯塑料、酚醛塑料、聚碳酸酯塑料、聚四氟乙烯塑料、三聚氰胺、脲醛塑料、硅树脂、塑料装饰型材 |
| | | 见装饰织物类 |
| | | 见顶棚材料和墙面材料类 |
| | $B_2$ | 经阻燃处理的聚乙烯、聚丙烯、聚氨酯、聚苯乙烯、玻璃钢等 |
| | | 化纤织物等 |
| | | 木制品等 |

## 三、民用建筑室内装修防火设计的一般规定

1. 多孔和泡沫塑料

当顶棚或墙面表面局部采用多孔泡沫塑料时，其厚度不应大于15mm，面积不得超过该房间顶棚或墙面积的10%。

2. 共享空间部位

建筑物设有上下层相连通的中庭、走廊、开敞楼梯、自动扶梯时，其连通部位的顶棚、墙面应采用A级装修材料，其他部位应采用不低于$B_1$级的装修材料。

3. 无窗房间

除地下建筑外，无窗房间的内部装修材料的燃烧性能等级，除A级外，应在原规定基础上提高一级。

4. 图书、资料类房间

图书室、资料室、档案室和存放文物的房间，其顶棚、墙面应采用A级装修材料，地面应采用不低于$B_1$级的装修材料。

5. 各类机房

大中型电子计算机房、中央控制室、电话总机房等设置特殊贵重设备的房间，其顶棚和墙面应采用A级装修材料，地面及其他装修应采用不低于$B_1$级的装修材料。

6. 消防设备用房等

消防水泵房、排烟机房、固定灭火系统钢瓶间、配电室、变压器室、通风和空调机房等，其内部所有装修均应采用A级装修材料。

7. 配电箱

建筑内部的配电箱，不应直接安装在低于$B_1$级的装修材料上。

8. 灯具和灯饰

照明灯具的高温部位，当靠近非A级装修材料时，应采取隔热、散热等防火保护措施。灯饰所用材料的燃烧性能等级不应低于$B_1$级。

9. 建筑内的厨房

建筑内部装修设计防火规范规定，建筑物内的厨房顶棚、墙面、地面等部位均应采用A级装修材料。

10. 经常使用明火的餐厅和科研试验室

经常使用明火的餐厅、科研试验室内所使用的装修材料的燃烧性能等级，除A级外，应比同类建筑物的要求高一级。

11. 楼梯间

无自然采光的楼梯间、封闭楼梯间、防烟楼梯间的顶棚、墙面和地面均应采用A级装修材料。

12. 水平通道

地上建筑的水平疏散走道和安全出口的门厅，其顶棚装饰材料应采用A级装修材料，其他部位应采用不低于$B_1$级的装修材料。

13. 消火栓门

建筑内部消火栓的门不应被装饰物遮掩，消火栓门四周的装修材料颜色应与消火栓门的颜色有明显区别。

14. 消防设施和疏散标志

建筑内部装修不应遮挡消防设施和疏散指示标志及出口，并且不应妨碍消防设施和疏散走道的正常使用。另外，进行室内装修设计时，要保证疏散指示标志和安全出口易于辨认，以免人员在紧急情况下发生疑惑和误解。

15. 挡烟垂壁

建筑内部装修设计防火规范规定，防烟分区的挡烟垂壁其装修材料应采用A级装修材料。

16. 变形缝部位

建筑内部的变形缝（包括沉降缝、伸缩缝、抗震缝等）两侧的基层应采用A级材料，表面装修应采用不低于$B_1$级的装修材料。

17. 饰物

公共建筑内部不宜设置采用$B_3$级装饰材料制成的壁挂、雕塑、模型、标本，当需要设置时，不应靠近火源或热源。

18. 歌舞娱乐放映游艺场所

歌舞娱乐放映游艺场所在这里是指：歌舞厅、卡拉 OK 厅（含具有卡拉 OK 功能的餐厅）、夜总会、录像厅、放映厅、桑拿浴室（除洗浴部分外）、游艺厅（含电子游艺厅）、网吧等。建筑内部装修设计防火规范规定，歌舞娱乐放映游艺场所设置在一、二级耐火等级建筑的四层及四层以上时，室内装修的顶棚材料应采用 A 级装修材料，其他部位应采用不低于 $B_1$ 级的装修材料；当设置在地下一层时，室内装修的顶棚、墙面材料应采用 A 级装修材料，其他部位应采用不低于 $B_1$ 级的装修材料。

19. 安全出口

建筑内部装修不应减少安全出口、疏散出口和疏散走道的净宽度和数量。

## 四、建筑室内装修材料的燃烧性能等级规定

### （一）单层、多层民用建筑

单层、多层民用建筑内部装修防火设计应符合民用建筑室内装修防火设计的一般规定。各部位装修材料的燃烧性能等级，不应低于表 7-6 的规定。

**单层、多层建筑内部各部位装修材料的燃烧性能等级　　表 7-6**

| 建筑物及场所 | 建筑规模、性质 | 装修材料燃烧性能等级 | | | | | | | |
|---|---|---|---|---|---|---|---|---|---|
| | | 顶棚 | 墙面 | 地面 | 隔断 | 固定家具 | 装饰织物 | | 其他装饰材料 |
| | | | | | | | 窗帘 | 帷幕 | |
| 候机楼的候机大厅、商店、餐厅、贵宾候机室、售票厅等 | 建筑面积＞10000m² 的候机楼 | A | A | $B_1$ | $B_1$ | $B_1$ | $B_1$ | | $B_1$ |
| | 建筑面积≤10000m² 的候机楼 | A | $B_1$ | $B_1$ | $B_1$ | $B_2$ | $B_2$ | | $B_2$ |
| 汽车站、火车站、轮船客运站的候车（船）室、餐厅、商场等 | 建筑面积＞10000m² 的车站、码头 | A | A | $B_1$ | $B_1$ | $B_2$ | $B_2$ | | $B_1$ |
| | 建筑面积≤10000m² 的车站、码头 | $B_1$ | $B_1$ | $B_1$ | $B_2$ | $B_2$ | $B_2$ | | $B_2$ |

续表

| 建筑物及场所 | 建筑规模、性质 | 装修材料燃烧性能等级 | | | | | | | |
|---|---|---|---|---|---|---|---|---|---|
| | | 顶棚 | 墙面 | 地面 | 隔断 | 固定家具 | 装饰织物 | | 其他装饰材料 |
| | | | | | | | 窗帘 | 帷幕 | |
| 影院、会堂、礼堂、剧院、音乐厅 | ＞800 座位 | A | A | $B_1$ | $B_1$ | $B_1$ | $B_1$ | $B_1$ | $B_1$ |
| | ≤800 座位 | A | $B_1$ | $B_1$ | $B_1$ | $B_2$ | $B_1$ | $B_1$ | $B_2$ |
| 体育馆 | ＞3000 座位 | A | A | $B_1$ | $B_1$ | $B_1$ | $B_1$ | $B_1$ | $B_2$ |
| | ≤3000 座位 | A | $B_1$ | $B_1$ | $B_1$ | $B_2$ | $B_2$ | $B_1$ | $B_2$ |
| 饭店、旅馆的客房及公共活动用房 | 设有中央空调系统的饭店、旅馆 | A | $B_1$ | $B_1$ | $B_1$ | $B_2$ | $B_2$ | | $B_2$ |
| | 其他饭店、旅馆 | $B_1$ | $B_1$ | $B_2$ | $B_2$ | $B_2$ | $B_2$ | | |
| 歌舞厅、餐馆等娱乐、餐饮建筑 | 营业面积＞$100m^2$ | A | $B_1$ | $B_1$ | $B_1$ | $B_2$ | $B_1$ | | $B_2$ |
| | 营业面积≤$100m^2$ | $B_1$ | $B_1$ | $B_1$ | $B_2$ | $B_2$ | $B_2$ | | $B_2$ |
| 商场营业厅 | 每层建筑面积＞$3000m^2$或总建筑面积＞$9000m^2$的营业厅 | A | $B_1$ | A | A | $B_1$ | $B_1$ | | $B_2$ |
| | 每层建筑面积1000～$3000m^2$或总建筑面积3000～$9000m^2$的营业厅 | A | $B_1$ | $B_1$ | $B_1$ | $B_2$ | $B_1$ | | |
| | 每层建筑面积＜$1000m^2$或总建筑面积＜$3000m^2$的营业厅 | $B_1$ | $B_1$ | $B_1$ | $B_2$ | $B_2$ | $B_2$ | | |
| 幼儿园、托儿所、医院病房楼、疗养院、养老院 | | A | $B_1$ | $B_1$ | $B_1$ | $B_2$ | $B_1$ | | $B_2$ |
| 纪念馆、展览馆、博物馆、图书馆、档案馆、资料馆等 | 国家级、省级 | A | $B_1$ | $B_1$ | $B_1$ | $B_2$ | $B_1$ | | $B_2$ |
| | 省级以下 | $B_1$ | $B_1$ | $B_2$ | $B_2$ | $B_2$ | $B_2$ | | $B_2$ |

续表

| 建筑物及场所 | 建筑规模、性质 | 装修材料燃烧性能等级 | | | | | | | |
|---|---|---|---|---|---|---|---|---|---|
| | | 顶棚 | 墙面 | 地面 | 隔断 | 固定家具 | 装饰织物 | | 其他装饰材料 |
| | | | | | | | 窗帘 | 帷幕 | |
| 办公楼、综合楼 | 设有中央空调系统的办公楼、综合楼 | A | $B_1$ | $B_1$ | $B_1$ | $B_2$ | $B_2$ | | $B_2$ |
| | 其他办公楼、综合楼 | $B_1$ | $B_1$ | $B_2$ | $B_2$ | $B_2$ | | | |
| 住宅 | 高级住宅 | $B_1$ | $B_1$ | $B_1$ | $B_1$ | $B_2$ | $B_2$ | | $B_2$ |
| | 普通住宅 | $B_1$ | $B_2$ | $B_2$ | $B_2$ | $B_2$ | | | |

（二）高层民用建筑

高层民用建筑内部装修防火设计应符合民用建筑室内装修防火设计的一般规定。各部位装修材料的燃烧性能等级，不应低于表 7-7 的规定。

**高层建筑内部各部位装修材料的燃烧性能等级　　表 7-7**

| 建筑物 | 建筑类别、规模、性质 | 装修材料燃烧性能等级 | | | | | | | | | |
|---|---|---|---|---|---|---|---|---|---|---|---|
| | | 顶棚 | 墙面 | 地面 | 隔断 | 固定家具 | 装饰织物 | | | | 其他装饰材料 |
| | | | | | | | 窗帘 | 帷幕 | 床罩 | 家具包布 | |
| 高级旅馆 | ＞800 座位的观众厅、会议厅、顶层餐厅 | A | $B_1$ | $B_1$ | $B_1$ | $B_1$ | $B_1$ | $B_1$ | | $B_1$ | $B_1$ |
| | ≤800 座位的观众厅、会议厅 | A | $B_1$ | $B_1$ | $B_1$ | $B_1$ | $B_1$ | $B_1$ | | $B_2$ | $B_1$ |
| | 其他部位 | A | $B_1$ | $B_1$ | $B_2$ | $B_2$ | $B_1$ | $B_2$ | $B_1$ | $B_2$ | $B_1$ |
| 商业楼、展览楼、综合楼、商住楼、医院病房楼 | 一类建筑 | A | $B_1$ | $B_1$ | $B_1$ | $B_2$ | $B_1$ | $B_1$ | | $B_2$ | $B_1$ |
| | 二类建筑 | $B_1$ | $B_1$ | $B_2$ | $B_2$ | $B_2$ | $B_2$ | $B_2$ | | $B_2$ | $B_2$ |

续表

| 建筑物 | 建筑类别、规模、性质 | 装修材料燃烧性能等级 | | | | | | | | | |
|---|---|---|---|---|---|---|---|---|---|---|---|
| | | 顶棚 | 墙面 | 地面 | 隔断 | 固定家具 | 装饰织物 | | | | 其他装饰材料 |
| | | | | | | | 窗帘 | 帷幕 | 床罩 | 家具包布 | |
| 电信楼、财贸金融楼、邮政楼、广播电视楼、电力调度楼、防灾指挥调度楼 | 一类建筑 | A | A | $B_1$ | $B_1$ | $B_1$ | $B_1$ | $B_1$ | | $B_2$ | $B_1$ |
| | 二类建筑 | $B_1$ | $B_1$ | $B_2$ | $B_2$ | $B_2$ | $B_1$ | $B_2$ | | $B_2$ | $B_2$ |
| 教学楼、办公楼、科研楼、档案楼、图书馆 | 一类建筑 | A | $B_1$ | $B_1$ | $B_1$ | $B_2$ | $B_1$ | $B_1$ | | $B_1$ | $B_1$ |
| | 二类建筑 | $B_1$ | $B_1$ | $B_2$ | $B_1$ | $B_2$ | $B_1$ | $B_2$ | | $B_2$ | $B_2$ |
| 住宅、普通旅馆 | 一类普通旅馆，高级住宅 | A | $B_1$ | $B_2$ | $B_1$ | $B_2$ | $B_1$ | | $B_1$ | $B_2$ | $B_1$ |
| | 二类普通旅馆，普通住宅 | $B_1$ | $B_1$ | $B_2$ | $B_2$ | $B_2$ | $B_2$ | | $B_2$ | $B_2$ | $B_2$ |

### （三）地下民用建筑

地下民用建筑内部装修防火设计应符合民用建筑室内装修防火设计的一般规定。各部位装修材料的燃烧性能等级，不应低于表 7-8 的规定。

**地下民用建筑内部各部位装修材料的燃烧性能等级　　表 7-8**

| 建筑物及场所 | 装修材料燃烧性能等级 | | | | | | |
|---|---|---|---|---|---|---|---|
| | 顶棚 | 墙面 | 地面 | 隔断 | 固定家具 | 装饰织物 | 其他装饰材料 |
| 休息室和办公室等、旅馆的客房及公共活动用房等 | A | $B_1$ | $B_1$ | $B_1$ | $B_1$ | $B_1$ | $B_2$ |

续表

| 建筑物及场所 | 装修材料燃烧性能等级 | | | | | | |
|---|---|---|---|---|---|---|---|
| | 顶棚 | 墙面 | 地面 | 隔断 | 固定家具 | 装饰织物 | 其他装饰材料 |
| 娱乐场所、旱冰场等，舞台、展览厅等，医院的病房、医疗用房等 | A | A | $B_1$ | $B_1$ | $B_1$ | $B_1$ | $B_2$ |
| 电影院的观众厅、商场的营业厅 | A | A | A | $B_1$ | $B_1$ | $B_1$ | $B_2$ |
| 停车库、人行通道、图书资料库、档案库 | A | A | A | A | A | | |

（四）工业厂房

厂房内部各部位装修材料的燃烧性能等级，不应低于表 7-9 的规定。

**工业厂房内部各部位装修材料的燃烧性能等级　　表 7-9**

| 工业厂房分类 | 建筑规模 | 装修材料燃烧性能等级 | | | |
|---|---|---|---|---|---|
| | | 顶棚 | 墙面 | 地面 | 隔断 |
| 甲、乙类厂房和有明火的丁类厂房 | | A | A | A | A |
| 丙类厂房 | 地下厂房 | A | A | A | $B_1$ |
| | 高层厂房 | A | $B_1$ | $B_1$ | $B_2$ |
| | 高度＞24m 的单层厂房、高度≤24m 的单层、多层厂房 | $B_1$ | $B_1$ | $B_2$ | $B_2$ |
| 无明火的丁类厂房、戊类厂房 | 地下厂房 | A | A | $B_1$ | $B_1$ |
| | 高层厂房 | $B_1$ | $B_1$ | $B_2$ | $B_2$ |
| | 高度＞24m 的单层厂房、高度≤24m 的单层、多层厂房 | $B_1$ | $B_2$ | $B_2$ | $B_2$ |

## 第四节　防火分区和分隔

### 一、防火分区的概念

所谓防火分区，系指在建筑内部采用防火墙、耐火楼板及其他防火分隔设施分隔而成，能在一定时间内防止火灾向同一建筑的其余部分蔓延的局部空间。在建筑物内采取划分防火分区这一措施，可以在建筑物一旦发生火灾时，有效地把火势控制在一定的范围内，减少火灾损失，同时可以为人员安全疏散、消防扑救提供有利条件。

### 二、防火分区的类型

根据防火分隔设施在空间方向和部位上防止火灾扩大蔓延的功能，可将防火分区分为三类：

（一）水平防火分区

水平防火分区，系指在建筑内部采用防火墙、防火门、防火卷帘等水平防火分隔设施，按照防火分区建筑面积的规定，将建筑物各层在水平方向上分隔为若干个防火区域。其作用是防止火灾在水平方向蔓延扩大。

（二）竖向防火分区

竖向防火分区，系指为了把火灾控制在一定的楼层范围内，防止火灾从起火层向其他楼层垂直蔓延，而沿建筑物高度方向划分的防火区域。

（三）特殊部位和重要房间的防火分隔

用具有一定耐火性能的防火分隔设施将建筑物内某些特殊部位和重要房间等加以分隔，可以使其不构成蔓延火灾的途径，防止火势迅速蔓延扩大，或者保证其在火灾时不受威胁。特殊部位和重要房间主要包括各种竖向井道，附设在建筑物内的消防控制室、固定灭火装置的设备室、通风空调机房，设置贵重设备和贮存贵重物品的房间，火灾危险性大的房间，避难间等。

### 三、防火分隔物

防火分隔物是防火分区的边缘构件，一般有防火墙、耐火楼板、甲级防火门、防火卷帘、防火水幕带、上下楼层之间的窗间墙、封闭和防烟楼梯间等。其中，防火墙、甲级防火门、防火卷帘和防火水幕带是水平方向划分防火分区的分隔物，而耐火楼板、上下楼层之间的窗间墙、封闭和防烟楼梯间属于垂直方向划分防火分区的防火分隔物。

#### （一）防火墙

防火墙应为不燃烧体，耐火极限不应低于3.0h。

防火墙应直接设置在建筑物的基础上或钢筋混凝土框架、梁等承重结构上。防火墙应从楼地面基层隔断至顶板底面基层。

紧靠防火墙两侧的门、窗洞口之间最近边缘的水平距离不应小于2.0m；但装有固定窗扇的或火灾时可自动关闭的乙级防火窗时，该距离可不限。

建筑物内的防火墙不宜设置在转角处。如设置在转角附近，内转角两侧墙上的门、窗、洞口之间最近边缘的水平距离不应小于4m。

可燃气体和甲、乙、丙类液体的管道严禁穿过防火墙，其他管道不宜穿过防火墙，当必须穿过时，应采用防火封堵材料将墙与管道之间的空隙填实。防火墙内不应设置排气道。

#### （二）防火门

防火门除具备普通门的作用外，还具有防火、隔烟的特殊功能。防火门按其耐火极限分为：甲级防火门、乙级防火门和丙级防火门；按其所用的材料分为：木质防火门、钢质防火门和复合材料防火门；按其开启方式分为：平开防火门和推拉防火门。

根据建筑不同部位的分隔要求设置不同耐火极限的防火门，通常甲级防火门用于防火墙上，乙级防火门用于疏散楼梯间，丙级防火门用于管道井等检查门。

（三）防火卷帘

防火卷帘是一种活动的防火分隔物，一般用钢板等金属板材，以扣环或铰接的方法组成可以卷绕的链状平面，平时卷起放在门窗上口的转轴箱中，起火时将其放下展开，用以阻止火势从门窗等洞口部位蔓延。防火卷帘常用作防火分隔物，特别是用于防火墙上，作为活动的防火分隔物阻止火灾的蔓延。防火卷帘按其耐火极限可分为耐火 1.5h、2.0h、3.0h 防火卷帘。

（四）防火窗

防火窗是采用钢窗框、钢窗扇及防火玻璃制成的，能起隔离和阻止火势蔓延的防火分隔物。防火窗按耐火极限可分为甲、乙、丙三级，其耐火极限分别为 1.2h、0.9h、0.6h。

（五）防火水幕

防火水幕带可以起防火墙的作用，在某些需要设置防火墙或其他防火分隔物而无法设置的情况下，可采用防火水幕带进行分隔。防火水幕带形成的水幕宽度不宜小于 5m。应该指出的是，在设有防火水幕带的部位的上部和下部，不应有可燃和难燃的结构或设备。

（六）上、下层窗间墙（窗槛墙）

为了防止火灾从外墙窗口向上层蔓延，一个最有效的办法就是增高上下楼层间窗间墙的高度，或在窗口上方设置挑檐。

（七）耐火楼板、防烟楼梯间和封闭楼梯间

耐火楼板、防烟楼梯间和封闭楼梯间均具有防火分隔作用，属于垂直方向划分防火分区的分隔物。

**四、防火分区面积**

仅从防火的角度看，防火分区划分的越小，越有利于保证建筑物的防火安全。但如果划分的过小，则势必会影响建筑物的使用功能。防火分区面积大小的确定应考虑建筑物的使用性质、重要性、火灾危险性、建筑物高度、建筑物耐火等级、消防扑救能力以及火灾蔓延的速度等因素。

我国国家标准建筑设计防火规范等对各种建筑的防火分区面积作了明确规定，必须结合工程实际，严格执行。

## 第五节 建筑安全疏散

### 一、安全疏散设施的概念

建筑物设有可靠的安全疏散设施，在发生火灾时就可以保证其内部人员免受火烧、烟熏、中毒和房屋倒塌的伤害，快速撤离到安全区域，保证消防人员迅速接近起火部位，扑救火灾。

安全疏散设施包括安全出口、通道、事故照明以及防烟、排烟设施等。安全出口主要有封闭楼梯间、防烟楼梯间、消防电梯、疏散门、疏散走道、室外避难楼梯、避难间、避难层等，还有用于救生的避难袋、救生绳、救生梯、缓降器、救生网、救生垫、升降机等。事故照明包括避难口、疏散口指示灯，疏散走道、楼梯间、观众厅指示灯等。防烟、排烟设施主要是指通风口、排烟口、风道和排烟机等。

### 二、安全出口和疏散出口

安全出口是指供人们安全疏散用的楼梯间、室外楼梯的出入口或直通室内外安全区域的出口。通常，人员疏散时能安全到达安全出口即可认为到达安全地带。为了在发生火灾时，迅速安全地疏散人员，减少火灾损失，建筑物必须设有足够数目的安全出口。疏散出口是指房间连通疏散走道或过厅的门，其包括安全出口。

安全出口和疏散出口应有足够的宽度。安全出口的门应向外(安全区域)开启。

### 三、安全疏散距离

安全疏散距离是指建筑内最远处到安全出口的最大允许距离。规定安全疏散距离的目的在于缩短人员疏散的距离，在紧急情况下使人员尽快安全地疏散到安全地点。

## 四、安全区域

安全区域是指安全疏散时被认为“只要避难者到达这个地方，安全就得到保证”的场所。安全区域通常包括：

（1）建筑物室外的地面，以及类似的空旷地带；

（2）封闭楼梯和防烟楼梯间；

（3）屋顶广场和建筑中位于火灾楼层下的阳台；

（4）建筑中火灾楼层下面两层以下的楼层；

（5）高层建筑或超高层建筑中为安全避难特设的“避难层”、“避难间”、“避难室”等“安全小区”。

## 五、疏散楼梯

疏散楼梯是人员在火灾紧急情况下安全疏散所用的楼梯。按防烟火作用可分为防烟楼梯、封闭楼梯、室外疏散楼梯、敞开楼梯，其中防烟楼梯防烟火作用、安全疏散程度最好，而敞开楼梯最差。

### （一）防烟楼梯间

在楼梯间入口处设有能阻止烟火进入的前室，或设专供排烟用的阳台、凹廊等，且通向前室和楼梯间的门均为乙级防火门的楼梯间称为防烟楼梯间。

### （二）封闭楼梯

用耐火建筑构配件分隔，能防止烟和热气进入的楼梯间称为封闭楼梯间。

### （三）室外疏散楼梯

这种楼梯的特点是设置在建筑外墙上、全部开敞于室外，且常布置在建筑端部。它不易受到烟火的威胁，既可供人员疏散使用，又可供消防人员登上高楼扑救火灾使用。

### （四）敞开楼梯间

敞开楼梯间即普通室内楼梯间，是一面敞开、三面为实体围护结构的疏散楼梯间。敞开楼梯间，隔烟阻火作用最差，在建筑中作疏散楼梯要限制其使用范围。

（五）消防电梯

消防电梯是火灾情况下运送消防器材和消防人员的专用消防设施。为了给消防队员扑救高层建筑火灾创造条件，对高层建筑必须结合其具体情况，合理设置消防电梯。

消防电梯间应有可靠的防火分隔和可靠的供电，应设置前室，前室应设防排烟设施。

（六）避难层（间）

避难层是在超高层建筑（高度超过 100m 的建筑）中设置的在发生火灾时供疏散人员临时避难使用的楼层。如果作为避难使用的只有几个房间，则称为避难间。

（七）屋顶直升机停机坪

建筑高度超过 100m，且标准层建筑面积超过 $1000m^2$ 的公共建筑，宜设置屋顶直升机停机坪或供直升机救助的设施。

（八）高层民用建筑辅助疏散设施

高层建筑辅助疏散设施有：疏散阳台（凹廊）、救生袋、避难桥、避难梯等。

## 第六节　工 业 建 筑 防 爆

### 一、爆炸的概念

所谓爆炸，是指大量能量在瞬间迅速释放或急剧转化成功和机械能、光、热等能量形态的现象。

爆炸根据发生的原因和性质可分为：物理爆炸、化学爆炸、原子爆炸（核爆炸）。可燃气体、可燃蒸气、可燃粉尘或纤维等物质，如天然气、煤气、乙炔气、汽油、酒精、丙酮、苯、硝化棉、铝粉、谷物淀粉等，在一定条件下能够与空气混合在一起，形成浓度达到爆炸极限的混合物，接触到火源能够立刻引起的爆炸称为化学性爆炸。

爆炸的破坏作用大体有：震荡（地震）作用、冲击波作用、碎片的冲击作用和热作用（火灾）。

## 二、建筑物发生爆炸的情况

（一）厂房内发生的爆炸

在厂房内自然通风不良的条件下，跑、冒、滴、漏出来的可燃气体、可燃蒸气、可燃粉尘一类物质，非常容易与空气混合在一起，逐渐形成浓度达到爆炸极限的混合物，遇到火源立刻就会引起爆炸。

（二）仓库内发生的爆炸

在仓库内自然通风和隔热降温不良的条件下，跑、冒、滴、漏或者反应分解释放出来的可燃气体、可燃蒸气、可燃粉尘一类的物质，非常容易与空气混合一起，形成浓度达到爆炸极限的混合物，当遇到火源立刻就会引起爆炸。

（三）生产设备内部发生的爆炸

例如，反应塔、反应锅内部发生的爆炸和储罐内部发生的爆炸。

## 三、建筑防爆技术措施

有爆炸危险的厂房和仓库发生爆炸时，产生的冲击波强度很大，对建筑物产生巨大破坏力，显然要建造能够承受爆炸最高压力的厂房是不现实的。在建筑设计时，对于有爆炸危险的厂房或仓库采取防爆措施，可以防止和减少爆炸事故的发生，当发生爆炸事故时，可以最大限度地减轻爆炸产生的危害。

建筑防爆技术措施主要有：总平面布置、平面和空间布置、选择抗爆结构、进行泄压设计、采用不发火花地面、采取通风措施、采取隔热降温措施、采取导除静电措施、有组织排水措施、避雷措施、电气设备防火以及进行室内表面处理和管沟分隔等。

# 第七节 建筑灭火设施

建筑灭火设施主要包括：室外消防给水系统，室内消火栓给水系统，自动喷水灭火系统，水幕系统，水喷雾灭火系统，泡沫灭火系统，气体灭火系统，蒸汽、干粉、气溶胶灭火系统，灭火器等。

## 一、建筑室外消防给水系统

生活、生产、消防合用的室外消防给水系统属于合用的室外消防给水系统，其组成包括取水、净水、贮水、输配水和火场供水五部分。

独立的室外消防给水系统，对水质无特殊要求（被易燃、可燃液体污染的水除外），可直接从水源取水用作消防用水，其组成包括取水、贮水、输配水和火场供水四部分。

### （一）建筑室外消防给水系统类型

1. 按水压分类

（1）低压消防给水系统。这种系统管网内平时水压较低，一般只负担提供消防用水量，火场上水枪所需的压力，由消防车或其他移动式消防水泵加压产生。

（2）高压消防给水系统。这种系统管网内经常保持足够的水压和消防用水量，火场上直接从消火栓接出水带就可满足水枪出水灭火。

（3）临时高压消防给水系统。这种系统的管网内平时水压不高，发生火灾时，临时启动泵站内的高压消防水泵，使管网内的供水压力达到高压消防给水管网的供水压力要求。

2. 按用途分类

（1）生产、生活与消防合用给水系统。这种系统节省投资，系统利用率高，特别适用于在生活、生产用水量较大而消防用水量较小的场合。这种给水系统应满足当生产、生活用水量达到最大小时流量时，仍应保证消防用水量。

（2）生产与消防合用给水系统。这种系统适用于某些工业企业，设计时应满足当生产用水量达到最大小时流量时，仍应保证全部的消防用水量。

（3）生活与消防合用给水系统。这种系统可以保持管网内的水经常处于流动状态，水质不易变坏，节省投资，并便于日常检查和保养，消防给水较安全可靠，系统设计应满足当生活用水达到最大小时用水量时，仍应保证供给全部消防用水量。

(4) 独立消防给水系统。当工业企业内生产和生活用水量较小而消防用水量较大、合并在一起不经济时，或者生产用水可能被易燃、可燃液体污染时，或者三种用水合并在一起技术上不可能时，常采用独立消防给水系统。

(二) 消防水源

市政给水管网、天然水源或消防水池可作为消防给水水源。

1. 市政给水管网

市政给水管网通过两种方式提供消防用水：一是通过其上设置的消火栓（市政消火栓）为消防车等消防设备提供消防用水；二是通过建筑物的进水管，为该建筑物提供室内外消防用水。

2. 天然水源

天然水源主要有江、河、湖、泊、海、水塘等。利用天然水源作为消防水源，应有可靠的措施，保障在枯水期最低水位时，以及冰冻期的消防用水量和消防取水需要。

3. 消防水池

消防水池是人工建造的储存消防用水的构筑物，是天然水源、市政给水管网等消防水源的一种重要补充设施。消防水池分为生活、生产和消防合用的消防水池，生活、消防合用的消防水池，生产、消防合用的消防水池，也有独立的消防水池。

(三) 室外消火栓

室外消火栓是设置在建筑物外消防给水管网上的一种供水设备，其作用是向消防车提供消防用水或直接接出水带、水枪进行灭火。

按设置条件分为地上式消火栓和地下式消火栓。

1. 地上式消火栓

地上式消火栓大部分露出地面，具有目标明显、易于寻找、出水操作方便等优点，适用于我国冬季气温较高的地区。地上消火栓容易冻结、易损坏，在有些场合还妨碍交通。地上式消火栓由本体、进水弯管、阀塞、出水口和排水口组成。

2. 地下式消火栓

地下式消火栓设置在消火栓井内，具有不易冻结、不易损坏、便利交通等优点，适用于北方寒冷地区使用。地下消火栓操作不便，目标不明显，因此，要求使用单位应在地下式消火栓周围设置明显标志。地下式消火栓是由弯头、排水口、阀塞、丝杆、丝杆螺母、出水口等组成。

（四）水泵接合器

水泵接合器是设置在建筑物外，供消防车往建筑物室内管网输送消防用水的一种消防用水接口。根据设置条件的不同，水泵接合器有三种类型，即地上式水泵接合器、地下式水泵接合器、墙壁式水泵接合器。

在火灾情况下，当建筑物内消防水泵发生故障或室内消防用水不足时，消防车从室外取水通过水泵接合器将水送到室内消防给水管网，供灭火使用。

**二、室内消火栓给水系统**

室内消火栓是建筑物内的一种固定消防供水设备。平时与室内消防给水管线连接，遇有火灾时，将水带一端的接口接在消火栓出水口上，把手轮按开启方向旋转即能射水灭火。室内消火栓给水系统应根据《建筑设计防火规范》（GB 50016—2006）和《高层民用建筑设计防火规范》（GB 50045—1995）的有关规定进行设置。

（一）室内消火栓给水系统的组成

（1）消防给水基础设施。消防给水基础设施包括市政管网、室外消防给水管网及室外消火栓、消防水池、消防水泵、消防水箱、增压稳压设备、水泵接合器等，该设施的主要任务是为系统储存并提供灭火用水。

（2）消防供水设备。包括：消防水箱、消防水泵、水泵接合器。

（3）室内消防给水管网。给水管网包括进水管、水平干管、消防竖管等，其任务是向室内消火栓设备输送灭火用水。

(4) 室内消火栓。通常设在消火栓箱内，由水枪、水带、消火栓、水喉等组成，它是供人员灭火使用的主要工具。

(二) 消防水箱

消防水箱（包括水塔、气压水罐）是贮存扑救初期火灾消防用水的贮水设备，它提供扑救初期火灾的水量和保证扑救初期火灾时灭火设备有必要的水压。消防水箱应贮存 10min 的消防用水量。

**三、闭式自动喷水灭火系统**

闭式自动喷水灭火系统由水源、管网、闭式喷头、报警控制装置等组成，是一种能够自动探测火灾并自动启动喷头灭火的固定灭火系统。

(一) 系统类型

闭式自动喷水灭火系统分为湿式系统、干式系统、预作用系统、重复启闭预作用系统等类型。

1. 湿式自动喷水灭火系统

该系统在实际工程中最常用，由于供水管路和喷头内始终充满有压水，故称为湿式自动喷水灭火系统。湿式自动喷水灭火系统由闭式喷头、管道系统、湿式报警阀、报警装置和供水设施等组成。

2. 干式自动喷水灭火系统

在湿式系统的基础上，将报警阀后灭火管网内的有压水改为充满用于启动系统的有压气体。由于该系统的管路和喷头内平时没有水，只处于充气状态，故称之为干式自动喷水灭火系统。该系统由闭式喷头、管道系统、充气设备、干式报警阀、报警装置和供水设施等组成。

3. 预作用自动喷水灭火系统

预作用系统兼容了湿式系统和干式系统的优点，系统平时呈干式，火灾时由火灾探测系统自动开启报警阀使管道充水呈临时湿式系统。系统的转变过程包含着预备动作功能，故称预作用系统。这种系统由火灾探测报警系统，闭式喷头、预作用阀、充气设备、管道系统、控制组件等组成。

4. 重复启闭预作用自动喷水灭火系统

重复启闭预作用系统是一种改进了的预作用系统，适用于灭火后必须及时停止喷水的场所。

（二）闭式喷头

闭式喷头是在系统中担负探测火灾、启动系统和喷水灭火的组件。闭式喷头由喷水口、感温释放机构和溅水盘等组成。平时，闭式喷头的喷水口由感温元件组成的释放机构封闭。当温度达到喷头的公称动作温度范围时，感温元件动作，释放机构脱落，喷头开启。

## 四、雨淋喷水灭火系统

雨淋系统在形式上和预作用系统基本相似，但其喷头全部采用开式喷头，系统工作时设计喷水区域内的所有开式喷头同时喷水，可以在瞬间像下暴雨般喷出大量的水，覆盖或阻隔整个火区，实施灭火。

## 五、水幕系统

水幕系统是由水幕喷头、管道和控制阀等组成的用以阻火、隔火、冷却简易防火分隔物的一种自动喷水系统。水幕喷头喷出的水形成水帘状，可与防火卷帘、防火幕配合使用，用于防火隔断、防火分区以及局部降温保护等。在一些既不能用防火墙作防火分隔，又无法用防火幕或防火卷帘作分隔的大空间，也可用水幕系统作为防火分隔或防火分区，起防火隔断作用。

## 六、水喷雾灭火系统

水喷雾灭火系统是利用水雾喷头在较高的水压力作用下，将水流分离成细小水雾滴，喷向保护对象，达到灭火或防护冷却目的的灭火系统。水喷雾灭火系统的应用发展，实现了用水扑救油类、电气设备火灾。水喷雾灭火系统由水源、供水设备、管道、雨淋阀组、过滤器、水雾喷头和火灾自动探测控制设备等组成。

## 七、建筑泡沫灭火系统

建筑泡沫灭火系统是针对可能发生 B 类火灾的建筑物而采

用的一种灭火系统，对扑救A类火亦很有效。通过其特有的组成，将泡沫液与水按比例混合，利用管道（或水带）输送至泡沫产生装置，将产生的泡沫按一定的形式喷出，以覆盖或淹没方式实施灭火。

### 八、气体灭火系统

气体灭火系统是由气体灭火剂供应源、喷嘴和管路组成的灭火系统。它以某些在常温、常压下呈现气态的物质作为灭火介质，通过这些气体在整个防护区内或保护对象周围的局部区域建立起灭火浓度实现灭火。由于其特有的性能特点，主要用于保护重要且要求洁净的特定场合，是建筑灭火设施中的一种重要形式。常用的气体灭火剂有：$CO_2$ 灭火剂、IG541灭火剂、七氟丙烷灭火剂等。

### 九、气溶胶灭火系统

气溶胶灭火系统是由灭火装置和火灾探测控制装置组成的一种新型灭火系统，用以替代卤代烷1301、1211灭火系统，具有灭火快速高效、设计安装维护简便易行、造价低、对环境无污染（不损耗大气臭氧层）等特点。

### 十、干粉灭火系统

干粉灭火系统由灭火剂供给源、输送灭火剂管网、干粉喷射装置、火灾探测与控制启动装置等组成。它是借助于惰性气体压力的驱动，并由这些气体携带干粉灭火剂形成气粉两相混合流，通过管道输送经喷嘴喷出实施灭火，可用于厨房、变压器室等场所及其设备的消防保护。

### 十一、灭火器

灭火器是由人工操作，能在其自身内部压力作用下，将所充装的灭火剂喷出实施灭火的器具。当建筑物发生火灾时，火灾现场人员可使用灭火器，及时有效地扑灭建筑物初起火灾，防止火灾蔓延，减少火灾损失。

#### （一）灭火器的类型

1. 按操作使用分类

（1）手提式灭火器。手提式灭火器一般指灭火剂充装量小于20kg，能手提移动实施灭火的便携式灭火器。

（2）推车式灭火器。推车式灭火器总装量较大，灭火剂充装量一般在 20kg 以上，其操作一般需两人协同进行。

（3）背负式灭火器。背负式灭火器能用肩背着实施灭火，灭火剂充装量较大，是消防人员专用的灭火器。

（4）手抛式灭火器。手抛式灭火器一般做成工艺品形状，内充干粉灭火剂，需要时将其抛掷到着火点，干粉散开实施灭火。

（5）悬挂式灭火器。悬挂式灭火器是悬挂在保护场所内，依靠火焰将其引爆自动实施灭火。

2. 按充装的灭火剂分类

（1）水型灭火器。水型灭火器是指其内部充入的灭火剂是以水为基料的灭火器，使用水通过冷却作用灭火。

（2）泡沫型灭火器。泡沫型灭火器有空气泡沫灭火器和化学泡沫灭火器。

（3）干粉型灭火器。干粉灭火器有两种类型：碳酸氢钠干粉灭火器（又称 BC 类干粉灭火器）和磷酸铵盐干粉灭火器（又称 ABC 类干粉灭火器）。

（4）卤代烷型灭火器。卤代烷型灭火器是气体灭火器的一种，其最大的特点就是对保护对象不产生任何损害。出于保护环境的考虑，卤代烷 1211 灭火器和卤代烷 1301 灭火器，目前已停止生产使用。现在已生产七氟丙烷灭火器，作为卤代烷 1211 灭火器和卤代烷 1301 灭火器的替代产品。

（5）二氧化碳型灭火器。二氧化碳灭火器也是一种气体灭火器，也具有对保护对象无污损的特点，但灭火能力较差。

（二）灭火器的主要用途

（1）水型灭火器有清水灭火器、强化液灭火器。其主要用途是适用扑救 A 类物质，如木材、竹器、棉花、织物、纸张等物质的初起火灾。能够喷成雾状水滴的水型灭火器也可以扑救 B 类物质，如少量柴油、煤油等物质的初起火灾。

(2) 泡沫灭火器可用于扑救A类物质，如木材、竹器、棉花、织物、纸张等的初起火灾。也可以用于扑救B类物质如汽油、煤油、柴油、植物油、油脂等的初起火灾。其中，抗溶空气泡沫灭火器能够扑救极性溶剂如甲醇、乙醚、丙酮等溶剂的火灾。它不能扑救带电设备的火灾和金属火灾。

(3) 碳酸氢钠干粉灭火器适用扑救易燃液体、可燃气体的初起火灾；磷酸铵盐干粉灭火器除可扑救上述物质的初起火灾外，还可扑救固体物质的初起火灾；干粉灭火器还可以扑救带电设备的初起火灾。

(4) 卤代烷灭火器适用于扑救各种可燃液体、可燃气体的初起火灾和带电设备的初起火灾。

(5) 二氧化碳灭火器适用于扑救各种可燃液体和可燃气体的初起火灾。

(三) 灭火器的使用方法

1. 水型灭火器的使用方法

清水灭火器使用方法是在距离燃烧物10m左右，将灭火器直立放稳，摘去保险盖，用手掌拍击开后杆顶端，刺破二氧化碳贮气瓶的密封片。清水在二氧化碳气体压力作用下，从喷嘴中喷击。此时立即用一只手提起器头上的提环。另一只手托住灭火器的底圈，将喷射水流对准燃烧最猛烈处喷射。随着水流的缩减，要逐渐向燃烧物靠近，直至扑灭。在使用中切忌颠倒或横卧，否则不能喷射。对能喷射雾状水滴的清水灭火器，用于扑救可燃液体火灾时，应让雾状水喷洒在燃烧物上部火焰上，由近而远向前推进，直至将火扑灭。

强化液灭火器使用方法与清水灭火器的使用方法相同。

2. 化学泡沫灭火器的使用方法

手提筒体上部的提环，迅速奔赴火场。这时应注意不得使灭火器过分倾斜，更不可横拿或颠倒，以免两种药剂混合而提前喷出。当距离着火点10m左右，即可将筒体颠倒过来，一只手紧握提环，另一只手扶住筒体的底圈，将射流对准燃烧物。在扑救可燃液体火灾时，如已呈流淌状燃烧，则将泡沫由远而近喷射，使泡沫完全覆盖在燃烧液面上；如在容器内燃烧，应将泡沫射向容器的内壁，使泡沫沿着内壁流淌，逐步覆盖着火液面。切忌直接对准液面喷射，以免由于射流的冲击，反而将燃烧的液体冲散或冲出容器，扩大燃烧范围。在扑救固体物质的火灾时，应将射流对准燃烧最猛烈处。灭火时，随着有效喷射距离的缩短，使用者应逐渐向燃烧区靠近，并始终将泡沫喷射在燃烧物上，直至扑灭。使用时，灭火器应始终保持倒置状态，否则会中断喷射。

3. 手提式干粉灭火器的使用方法

使用时，应手提灭火器提把，距燃烧物 5m 左右，放下灭火器。如果在室外使用，应选择在上风方向喷射。

如果灭火器是外挂气瓶式，操作者应一手紧握喷射软管前端的喷嘴根部，另一只手提起贮气瓶上的开启提环。如果贮气瓶的开启是手轮式的，应快速将手轮按逆时针方向旋开到最大位置，随即提起灭火器。当干粉喷出后迅速对准燃烧火焰根部喷射。

当灭火器是内置贮气瓶式或贮压式时，操作者应先将开启压把上的保险销拔除，然后握住喷射软管的喷嘴根部，另一只手将开启压把往下压，打开灭火器，进行喷射灭火。

4. 手提式 1211 灭火器的使用方法

使用时应用手提灭火器的提把，迅速带到距燃烧物处 5m 左右，先拔出灭火器保险销，一手握住开启提把，另一手握住喷射软管前端喷嘴处，如无软管灭火器则另一手扶住灭火器底圈。先将喷嘴对准燃烧处，用力握紧开启提把，1211 灭火剂即从喷嘴喷出。

当被扑救的可燃液体呈流淌状燃烧时，应对准火焰根部由近而远扫射，同时将灭火器快速推进，直至将火焰全部扑灭。如果在容器内燃烧，应对准火焰上部左右晃动扫射，当火焰被赶出容器时，应迅速向前推进喷射，直至将火焰全部扑灭。

对容器内液体燃烧处，不能直接喷射在液面上，以防可燃液体溅出。如果是固体物质的初起火灾，则应对准燃烧最猛烈处喷射。在室外灭火时，应选择在上风方向，如在窄小空间灭火，灭火后灭火人员应迅速撤离。

5. 二氧化碳灭火器的使用方法

使用时可以手提也可以肩扛，在距燃烧物5m左右时，拔出保险销，一手握住喇叭筒根部的手柄，另一手紧握开启压把。没有喷射软管的应把喇叭筒向上扳动90°。

使用时，不能用手直接抓软管和喇叭筒外壁以防冻伤手。

灭火时，当可燃液体呈流淌状燃烧时，应将灭火剂的喷流由近而远向火焰喷射。如二氧化碳喷射面小，可左右摆动喇叭筒喷射，直至将火全部扑灭。如果燃烧体在容器内燃烧。应从容器一侧上方向燃烧的容器中喷射，但不能直接喷在燃烧液的液面上。

在室外使用时，应选择在上风方向，在室内小空间使用时，灭火操作后，人员应尽快离开，以防窒息。

（四）灭火器的选择

灭火器选择应考虑：灭火器配置场所的火灾种类；灭火器的灭火有效程度；对保护物品的污损程度；设置点的环境温度；使用灭火器人员的素质等因素。灭火器类型选择原则是：

（1）扑救A类火灾应选用水型、泡沫型、磷酸铵盐干粉型和卤代烷型灭火器。

（2）扑救B类火灾应选用干粉、泡沫、卤代烷和二氧化碳型灭火器。

（3）扑救C类火灾应选用干粉、卤代烷和二氧化碳型灭火器。

（4）扑救带电设备火灾应选用卤代烷、二氧化碳和干粉型灭火器。

（5）扑救可能同时发生A、B、C类火灾和带电设备火灾应选用磷酸铵盐干粉和卤代烷型灭火器。

（6）扑救D类火灾应选用专用干粉灭火器。

（五）灭火器设置要求

在确定灭火器的具体位置和放置方式时，应考虑以下几点：

(1) 灭火器应设置在明显、便于人们取用的地点，否则应有明显的指示标志；

(2) 灭火器不应放置在潮湿、有强腐蚀性的地方（部位），否则应有相应的保护措施；

(3) 手提式灭火器应设置在挂钩、托架上或灭火器箱内，保证灭火器设置稳固，且铭牌朝外；

(4) 推车式灭火器应设置在便于移动和使用的地方；

(5) 灭火器的设置不得影响安全疏散；

(6) 手提式灭火器的设置应保证其顶部距离地面的高度不大于1.5m，底部距离地面的高度不小于0.15m；

(7) 设在室外的灭火器，应有保护措施；

(8) 灭火器设置场所的温度应与灭火器使用温度范围一致。

## 第八节 防排烟和通风采暖系统防火

在建筑内设置防排烟系统，可以保证在建筑发生火灾时及时排除有害烟气，确保内部人员顺利疏散、安全避难，为火灾扑救创造有利条件。

### 一、防烟、排烟设施

#### (一) 防烟、排烟设施分类

《高层民用建筑设计防火规范》(GB 50045—1995) 和《建筑设计防火规范》(GB 50016—2006) 规定：(1) 建筑中的防烟设施可采用机械加压送风防烟方式和可开启外窗的自然排烟方式。(2) 建筑中的排烟设施可采用机械排烟方式和可开启外窗的自然排烟方式。

建筑是否需要设置防烟、排烟系统，应设置什么方式的防烟、排烟系统，应严格执行《高层民用建筑设计防火规范》(GB 50045—1995) 和《建筑设计防火规范》(GB 50016—2006) 的有关规定。

1. 自然排烟

自然排烟是在自然力作用下，使室内外空气发生对流而进行排烟的方式。自然排烟方式有：采用建筑的阳台、走廊或在外墙在设置便于开启的外窗或排烟窗进行自然排烟。

2. 机械加压送风防烟

机械加压送风防烟的原理是，在疏散通道等需要防烟的部位送入足够的新鲜空气，使其维持高于建筑物其他部位的压力，从而把着火区域所产生的烟气堵截于防烟部位之外。机械加压送风防烟系统主要由送风口、送风管道、送风机和防烟部位以及电气控制设备等组成。

3. 机械排烟

机械排烟系统由挡烟构件、排烟口、防火排烟阀门、排烟道、排烟风机和排烟出口组成。当建筑物发生火灾时，由火场人员手动控制或由感烟探测将火灾信号传递给防排烟控制器，打开排烟口以及和排烟口联动的排烟防火阀，同时关闭空调系统和送风管道内的防火调节阀，由设置在屋顶的排烟机将烟气通过排烟管道排至室外。

（二）防烟分区

防烟分区是指用挡烟分隔构件划分的可把烟气限制在一定范围的空间区域。设置防烟分区是保证在一定时间内使火场上产生的烟气不致随意扩散，从而使用排烟设施加以排除。

值得注意的是，按规定不设置排烟设施的房间和走道，不需要划分防烟分区。划分防烟分区的挡烟分隔构件起阻挡烟气的作用，其包括挡烟垂壁、挡烟隔墙和挡烟梁等。每个防烟分区所占的建筑面积应控制在 $500m^2$ 以内。防烟分区不应跨越防火分区。

（三）排烟风机

用于排烟的风机主要有离心风机和轴流风机，还有自带电源的专用排烟风机。排烟风机应有备用电源，并应有能自动切换装置，排烟风机应耐热，变形小，使其在排出 280℃烟气时连续工作 30min 仍能达到设计要求。

（四）排烟风道

风道材料必须为不燃烧材料，宜采用镀锌钢板或冷轧钢板，也可采用混凝土制品。排烟风道外表面与木质等可燃构件的距离不应小于 15cm，或在排烟道外表面包有厚度不小于 10cm 的保温材料进行隔热。烟气排出口的设置，应根据建筑物所处的条件（风向、风速、周围建筑物以及道路等情况）确定。

**二、通风系统防火**

通风是为改善生产和生活环境，造成安全、卫生的条件而进行换气的系统。一般是送入新鲜空气，同时排出被污染的空气。按所用方法分为自然通风和机械通风两种。

在散发可燃气体、可燃蒸气和粉尘的厂房内，加强通风，及时排除空气中的可燃有害物质，是一项很重要的防火防爆措施。

排除有燃烧、爆炸危险的气体、蒸气和粉尘的排风管道应采用易于导除静电的金属管道，应明装不应暗设，不得穿越其他房间，且应直接通到室外的安全处，尽量远离明火和人员通过或停留的地方。

通风管道不宜穿过防火墙和不燃烧体楼板等防火分隔物。如必须穿过时，应采取一定的防火分隔措施。有爆炸危险的厂房，其排风管道不应穿过防火墙和车间隔墙。

**三、采暖系统防火**

采暖管道应与建筑物的可燃构件保持一定的距离。采暖管道穿过可燃构件时，要用不燃烧材料隔开绝热；或根据管道外壁的温度，在管道与可燃构件之间保持适当的距离。

采用电加热送风采暖设备应做到：（1）电加热设备与送风设备的电气开关应有连锁装置；（2）在重要部位，应设感温自动报警器；必要时加设自动防火阀；（3）装有电加热设备的送风管道应用不燃烧材料制成。

对于甲、乙类厂房或甲、乙类仓库，采暖管道和设备的绝热材料应采用不燃烧材料。对于其他建筑，可采用燃烧毒性小的难燃绝热材料，但应首先考虑采用不燃材料。

存在与采暖管道接触能引起燃烧爆炸的气体、蒸气或粉尘的房间内不应穿过采暖管道，当必须穿过时，应采用不燃材料隔热。

## 第九节　电气防火和火灾监控系统

### 一、消防电源

向消防用电设备供给电能的独立电源叫消防电源。工业建筑、民用建筑、地下工程中设置的消防控制室、消防水泵、消防电梯、防排烟设施、火灾自动报警系统、自动灭火系统、火灾应急照明装置、消防疏散指示标志和电动的防火门、窗、卷帘、阀门等消防用电，都应该按照现行《供配电系统设计规范》（GB 50052—2009）的规定对其进行电源及其配电系统设计，并应符合《建筑设计防火规范》（GB 50016—2006）或《高层民用建筑设计防火规范》（GB 50045—1995）对消防用电的具体要求。

一级消防负荷应由两个独立电源供电。所谓独立电源，是指若干电源向用电点供电，任一电源发生故障或停止供电时，其他电源将能保证继续供电；这些电源中任何一个都是独立电源。二级消防负荷应由二回路线路供电。三级消防负荷应设有两台变压器，采用暗备用或一用一备方式供电。

### 二、火灾应急电源

建筑处于火灾紧急状态时，为了确保安全疏散和火灾扑救工作的成功，担负向消防应急用电设备供电的独立电源，称为火灾应急电源。

应急电源一般有三种类型，即城市电网电源、自备柴油发电机组和蓄电池。对供电时间要求特别严格的地方，还可采用不停电电源（UPS）作为应急电源。应急电源与主电源之间应有一定的电气连锁关系。

## 三、耐火耐热配线

在消防工程中，一般是结合建筑电气设计和施工对消防设备配电线路采用耐火耐热配线措施，达到其可靠性、耐火性等要求。

不论耐火配线还是耐热配线，应该包括所用电线电缆类型和敷设方法。原则上，耐火配线即将电线电缆穿管并埋于耐火构造中，耐热配线需要将电线电缆穿管。消防设备耐火耐热配线的范围，应该包括从应急母线或主电源低压母线到消防用电设备点的所有配电线路。

## 四、火灾应急照明和疏散指示标志

火灾事故应急照明与疏散指示标志是重要的安全疏散设施之一。为保证在火灾发生、电网停电时，火灾扑救人员继续工作和人员安全疏散而设置的照明，称为火灾应急照明。在一定的部位以显眼的文字、鲜明的箭头指明疏散方向的信号标记，称作疏散指示标志。合理设置疏散指示标志，可以有效地帮助人们在浓烟弥漫的情况下及时地识别疏散位置和方向，顺利疏散。

火灾应急照明必须采用能瞬时点燃的光源，一般采用白炽灯、带快速启动装置的荧光灯等。当火灾应急照明作为正常照明的一部分经常点燃，且在发生故障时不需要切换电源的情况下，也可以采用其他光源，如普通荧光灯。火灾应急照明灯和疏散指示标志灯，应设玻璃或其他不燃烧材料制作的保护罩。

疏散指示包括疏散出口标志和疏散指向标志。通常，疏散出口标志灯的设置部位是建筑物通向室外的正常出口和应急出口，多层和高层建筑各楼层通向楼梯间和消防电梯前室的门口，大面积厅、堂、场、馆通向疏散通道或通向前厅、侧厅、楼梯间的出口。疏散指向标志灯的设置部位是公共建筑内的疏散通道和居住建筑内走道长度超过 20m 的内走道。

灯光疏散出口标志和指向标志的安装位置与朝向要求是：(1) 疏散出口标志多装出口门上方，门太高时，可装在门侧口；

为防止烟雾影响视觉，其高度以 2～2.5m 为宜，标志朝向应尽量使标志面垂直于疏散通道截面；(2) 疏散指向标志应设置在疏散走道及其转角处距地面高度 1.0m 以下的墙面上，且灯光疏散指示标志间距不应大于 20.0m；对于袋形走道，不应大于 10.0m；在走道转角区，不应大于 1.0m。

为使疏散时无论在拐弯和出口等处都找到出口标志，沿疏散走道设置的指向标志灯应有指示疏散方向的箭头标志，疏散出口标志灯应有图形和文字符号。

**五、防雷电**

雷电是自然界的一种大气放电现象。当地面上的建筑物和电力系统内的电气设备遭受直接雷击或雷电感应时，不仅能击毙人畜，劈裂树木，击毁电气设备，破坏建筑物及各种工农业设施，还能引起火灾和爆炸事故。雷电的种类有直击雷，感应雷（雷电感应），雷电波侵入和球雷。

避雷针、避雷线、避雷网和避雷带，都是经常采用的防止直接雷击的防雷装置。避雷针主要用来保护露天发电、变配电装置和建筑物，避雷线对电力线路等较长的保护物最为适用；避雷网和避雷带主要用于保护建筑物；避雷器是一种专用的防雷设备，主要用来保护电力设备。一套完整的防雷装置由接闪器、引下线和接地装置三部分组成。

(1) 接闪器。接闪器就是专门直接接受雷击的金属导体。避雷针、避雷线、架空避雷网和避雷带实际上都是接闪器。接闪器利用其高出被保护物的突出地位，把雷电引向自身，然后，通过引下线和接地装置，把雷电流泄入大地，以保护被保护物免受雷击。避雷针一般用圆钢或焊接钢管制成。避雷线一般采用截面积不小于 $35cm^2$ 的镀锌钢绞线。避雷网和避雷带可以采用圆钢或扁钢，优先采用圆钢。

(2) 引下线。引下线是连接接闪器与接地装置的金属导体，应满足机械强度、耐腐蚀和热稳定性的要求。

引下线一般采用圆钢或扁钢，其尺寸和防腐蚀要求与避雷网和避雷带相同，如用钢绞线作引下线，其截面不应小于 $25cm^2$。

（3）接地装置。接地装置包括接地线和接地体，是防雷装置的重要组成部分。接地装置向大地均匀泄放雷电流，使防雷装置对地电压不至于过高。接地装置可用扁钢、圆钢、角钢、钢管等钢材制成。

## 六、接地与接零安全

接地就是把电气设备的某一部分通过接地装置与大地进行良好的连接；接零就是将电气设备正常不带电的金属部分通过保护线与电源中性线相连接。接地与接零是保障人身安全、保证设备正常工作和防止火灾爆炸事故发生的一种简单有效的方法。

## 七、火灾监控系统

火灾监控系统实际上是"火灾探测报警与消防设备联动控制系统"的简称，它是以被监测的各类建筑物为对象，通过自动化手段实现早期火灾探测、火灾自动报警和消防设备连锁联动控制的系统。火灾监控系统主要包括火灾探测及自动报警系统、自动灭火控制系统和消防疏导指示系统等。

现代建筑的消防系统以火灾监控系统、火灾通讯广播和消防疏导系统为核心防火设备，以消火栓系统、水喷淋系统、水雾系统、防排烟系统、气体灭火系统等为主要灭火设施，并通过消防控制中心协调控制，完成对火灾的有效探测、数据信息处理、火灾报警与消防设备连锁动作、自动消防系统的联动控制，共同构成火灾自动报警与消防设备联动控制系统。

### （一）火灾监控系统的形式

火灾监控系统有三种基本设计形式，即：区域报警系统、集中报警系统、控制中心报警系统。

（1）区域报警系统。由火灾探测器、手动报警器、区域报警控制器或通用报警控制器、火灾警报装置等构成。这种系统形式主要用于完成火灾探测和报警任务，适用于较小范围的保护。

（2）集中报警系统。由火灾探测器、区域火灾报警控制器或用作区域报警的通用火灾报警控制器和集中火灾报警控制器等组成。这类系统形式适用于高层宾馆、写字楼等防火对象。

（3）控制中心报警系统。由设置在消防控制中心（或消防控制室）的区域火灾报警控制器、集中火灾报警控制器、各种火灾探测器、功能模块和消防控制设备等组成。这里所指的消防控制设备主要是：火灾警报器的控制装置、火警电话、空调通风及排烟、消防电梯等控制装置、火灾事故广播及固定灭火系统控制装置等。它进一步加强了对消防设备的监测和控制，适用于大型建筑、大型综合商场、宾馆对象。

（二）火灾探测器

根据火灾探测器探测火灾参数的不同，可以将火灾探测器划分为感烟式（离子感烟探测器、光电感烟探测器）、感温式（定温探测器、差温探测器）、感光式（光辐射探测器）、可燃气体探测器和复合式探测器几大类。

火灾探测器的选用和设置，直接影响着火灾探测器性能的发挥和火灾监控系统的整体特性，因此，必须按照国家标准《火灾自动报警系统设计规范》（GB 50116—1998）和《火灾自动报警系统施工及验收规范》（GB 50166—2007）等的有关要求和规定执行。

### 八、消防控制室及其功能

消防控制室是火灾监控系统（火灾自动报警系统的控制）和信息中心，也是火灾时灭火作战的指挥和信息中心，具有十分重要的地位和作用。消防控制室的设置、设备组成及联动控制功能，应满足相关国家消防技术标准的要求。

## 第十节　人员密集场所消防安全措施

### 一、人员密集场所的定义

人员聚集的室内场所，是指宾馆、饭店等旅馆，餐饮场所，商场、市场、超市等商店，体育场馆，公共展览馆、博物馆的展览厅，金融证券交易场所，公共娱乐场所，医院的门诊楼、病房楼，老年人建筑、托儿所、幼儿园，学校的教学楼、图书馆和集体宿舍，公共图书馆的阅览室，客运车站、码头、民用机场的候车、候船、候机厅（楼），人员密集的生产加工车间、员工集体宿舍等。其中，公共娱乐场所是指具有文化娱乐、健身休闲功能并向公众开放的室内场所。包括影剧院、录像厅、礼堂等演出、放映场所，舞厅、卡拉OK厅等歌舞娱乐场所，具有娱乐功能的夜总会、音乐茶座、酒吧和餐饮场所，游艺、游乐场所，保龄球馆、旱冰场、桑拿等娱乐、健身、休闲场所和互联网上网服务营业场所。

人员密集场所人员集中，人数众多，建筑功能复杂，装修标准高，可燃物品多，火灾荷载大，一旦发生火灾紧急情况，火灾蔓延快，扑救困难，疏散难度大。若消防安全管理措施不到位，则会酿成重大火灾事故，造成大量人员伤亡。因此，要高度重视人员密集场所消防安全问题，切实采取消防安全措施，确保防患于未然。

## 二、人员密集场所消防安全措施

### （一）一般规定

1. 设置在多种用途建筑内的人员密集场所，应采用耐火极限不低于1.0h的楼板和2.0h的隔墙与其他部位隔开，并应满足各自不同工作或使用时间对安全疏散的要求。

2. 设有人员密集场所的建筑内的疏散楼梯宜通至屋面，且宜在屋面设置辅助疏散设施。

3. 营业厅、展览厅等大空间疏散指示标志的布置，应保证其指向最近的疏散出口，并使人员在走道上任何位置都能看见和识别。

4. 防火巡查宜采用电子巡更设备。

5. 设有消防控制室的人员密集场所或其所在建筑，其火灾自动报警和控制系统宜接入城市火灾报警网络监控中心。

6. 除国家标准规定外，其他人员密集场所需要设置自动喷水灭火系统时，可按《自动喷水灭火系统设计规范》（GB

50084—2001）的规定设置自动喷水灭火局部应用系统或简易自动喷水灭火系统。

7. 除国家标准规定外，其他人员密集场所需要设置火灾自动报警系统时，可设置点式火灾报警设备。

8. 学校、医院、超市、娱乐场所等人员密集场所需要控制人员随意出入的安全出口、疏散门，或设有门禁系统的，应保证火灾时不需使用钥匙等任何工具即能易于从内部打开，并应在显著位置设置“紧急出口”标识和使用提示。可以根据实际需要选用以下方法：

（1）设置报警延迟时间不应超过 15s 的安全控制与报警逃生门锁系统。

（2）设置能与火灾自动报警系统联动，且具备远程控制和现场手动开启装置的电磁门锁装置。

（3）设置推闩式外开门。

（二）旅馆

1. 高层旅馆的客房内应配备应急手电筒、防烟面具等逃生器材及使用说明，其他旅馆的客房内宜配备应急手电筒、防烟面具等逃生器材及使用说明。

2. 客房内应设置醒目、耐久的“请勿卧床吸烟”提示牌和楼层安全疏散示意图。

3. 客房层应按照有关建筑火灾逃生器材及配备标准设置辅助疏散、逃生设备，并应有明显的标志。

（三）商店

1. 商店（市场）建筑物之间不应设置连接顶棚，当必须设置时应符合下列要求：

（1）消防车通道上部严禁设置连接顶棚；

（2）顶棚所连接的建筑总占地面积不应超过 $2500m^2$；

（3）顶棚下面不应设置摊位，堆放可燃物；

（4）顶棚材料的燃烧性能不应低于 $B_1$ 级；

（5）顶棚四周应敞开，其高度应高出建筑檐口 1.0m 以上。

2. 商店的仓库应采用耐火极限不低于 3.0h 的隔墙与营业、办公部分分隔，通向营业厅的门应为甲级防火门。

3. 营业厅内的柜台和货架应合理布置，疏散走道设置应符合《商店建筑设计规范》（JGJ 48—1988）的规定，并应符合下列要求：

（1）营业厅内的主要疏散走道应直通安全出口；

（2）主要疏散走道的净宽度不应小于 3.0m，其他疏散走道净宽度不应小于 2.0m；当一层的营业厅建筑面积小于 $500m^2$ 时，主要疏散走道的净宽度可为 2.0m，其他疏散走道净宽度可为 1.5m；

（3）疏散走道与营业区之间在地面上设置明显的界线标识；

（4）营业厅内任何一点至最近安全出口的直线距离不宜大于 30m，且行走距离不应大于 45m。

4. 营业厅内设置的疏散指示标志应符合下列要求：

（1）应在疏散走道转弯和交叉部位两侧的墙面、柱面距地面高度 1.0m 以下设置灯光疏散指示标志；确有困难时，可设置在疏散走道上方 2.2～3.0m 处；疏散指示标志的间距不应大于 20m；

（2）灯光疏散指示标志的规格不应小于 0.85m×0.30m，当一层的营业厅建筑面积小于 $500m^2$ 时，疏散指示标志的规格不应小于 0.65m×0.25m；

（3）疏散走道的地面上应设置视觉连续的蓄光型辅助疏散指示标志。

5. 营业厅的安全疏散不应穿越仓库。当必须穿越时，应设置疏散走道，并采用耐火极限不低于 2.0h 的隔墙与仓库分隔。

6. 营业厅内食品加工区的明火部位应靠外墙布置，并应采用耐火极限不低于 2.0h 的隔墙与其他部位分隔。敞开式的食品加工区应采用电能加热设施，不应使用液化石油气作燃料。

7. 防火卷帘门两侧各 0.5m 范围内不得堆放物品，并应用黄色标识线划定范围。

（四）公共娱乐场所

1. 公共娱乐场所的外墙上应在每层设置外窗（含阳台），其间隔不应大于15.0m；每个外窗的面积不应小于1.5$m^2$，且其短边不应小于0.8m，窗口下沿距室内地坪不应大于1.2m。

2. 使用人数超过20人的厅、室内应设置净宽度不小于1.1m的疏散走道，活动坐椅应采用固定措施。

3. 休息厅、录像放映室、卡拉OK室内应设置声音或视像警报，保证在火灾发生初期，将其画面、音响切换到应急广播和应急疏散指示状态。

4. 各种灯具距离周围窗帘、幕布、布景等可燃物不应小于0.50m。

5. 在营业时间和营业结束后，应指定专人进行消防安全检查，清除烟蒂等火种。

（五）学校

1. 图书馆、教学楼、实验楼和集体宿舍的公共疏散走道、疏散楼梯间不应设置卷帘门、栅栏等影响安全疏散的设施。

2. 集体宿舍严禁使用蜡烛、电炉等明火；当需要使用炉火采暖时，应设专人负责，夜间应定时进行防火巡查。

3. 每间集体宿舍均应设置用电超载保护装置。

4. 集体宿舍应设置醒目的消防设施、器材、出口等消防安全标志。

（六）医院的病房楼、托儿所、幼儿园

1. 病房楼内严禁使用液化石油气罐。

2. 托儿所、幼儿园的儿童用房及儿童游乐厅等儿童活动场所不应使用明火取暖、照明，当必须使用时，应采取防火、防护措施，设专人负责；厨房、烧水间应单独设置。

（七）体育场馆、展览馆、博物馆的展览厅等场所

1. 临时举办活动时，应制定相应消防安全预案，明确消防安全责任人；大型演出或比赛等活动期间，配电房、控制室等部

位须有专人值班。

2. 需要搭建临时建筑时，应采用燃烧性能不低于 $B_1$ 级的材料。临时建筑与周围建筑的间距不应小于 6.0m。

3. 展厅等场所内的主要疏散走道应直通安全出口，其净宽度不应小于 4.0m，其他疏散走道净宽度不应小于 2.0m。

（八）人员密集的生产加工车间、员工集体宿舍

1. 生产车间内应保持疏散通道畅通，通向疏散出口的主要疏散走道的净宽度不应小于 2.0m，其他疏散走道净宽度不应小于 1.5m，且走道地面上应画出明显的标示线。

2. 车间内中间仓库的储量不应超过一昼夜的使用量。生产过程中的原料、半成品、成品应集中摆放，机电设备、消防设施周围 0.5m 的范围内不得堆放可燃物。

3. 生产加工中使用电熨斗等电加热器具时，应固定使用地点，并采取可靠的防火措施。

4. 应按操作规程定时清除电气设备及通风管道上的可燃粉尘、飞絮。

5. 生产加工车间、员工集体宿舍不应擅自拉接电气线路、设置炉灶。

6. 员工集体宿舍隔墙的耐火极限不应低于 1.0h，且应砌至梁、板底。

# 第八章　建筑设计、施工和使用消防管理

## 第一节　消防设计、施工的职责

《消防法》第9条规定，“建设工程的消防设计、施工必须符合国家工程建设消防技术标准。建设、设计、施工、工程监理等单位依法对建设工程的消防设计、施工质量负责。”

为了加强建设工程消防监督管理，落实建设工程消防设计、施工质量和安全责任，规范消防监督管理行为，公安部制定了《建设工程消防监督管理规定》，并以公安部令第106号予以颁布，2009年5月1日开始施行。该规定适用于新建、扩建、改建（含室内装修、用途变更）等建设工程的消防监督管理。明确提出公安机关消防机构依法实施建设工程消防设计审核、消防验收和备案、抽查。要求建设、设计、施工、工程监理等单位应当遵守消防法规、国家消防技术标准，对建设工程消防设计、施工质量和安全负责。

### 一、建设单位的职责

建设单位不得要求设计、施工、工程监理等有关单位和人员违反消防法规和国家工程建设消防技术标准，降低建设工程消防设计、施工质量，并承担下列消防设计、施工的质量责任：

1. 依法申请建设工程消防设计审核、消防验收，依法办理消防设计和竣工验收备案手续并接受抽查。

对大型的人员密集场所和其他特殊建设工程，建设单位应当将消防设计文件报送公安机关消防机构审核，并在建设工程竣工

后向出具消防设计审核意见的公安机关消防机构申请消防验收；对其他建设工程，建设单位应当在取得施工许可、工程竣工验收合格之日起七日内，通过省级公安机关消防机构网站的消防设计和竣工验收备案受理系统进行消防设计、竣工验收备案，或者报送纸质备案表由公安机关消防机构录入消防设计和竣工验收备案受理系统。

建设工程内设置的公众聚集场所未经消防安全检查或者经检查不符合消防安全要求的，不得投入使用、营业。

2. 建设单位不得擅自修改经公安机关消防机构审核合格的建设工程消防设计。确需修改的，建设单位应当向出具消防设计审核意见的公安机关消防机构重新申请消防设计审核。

3. 实行工程监理的建设工程，应当将消防施工质量一并委托监理。

4. 选用具有国家规定资质等级的消防设计、施工单位。

5. 选用合格的消防产品和满足防火性能要求的建筑构件、建筑材料及室内装修装饰材料。

6. 依法应当经消防设计审核、消防验收的建设工程，未经审核或者审核不合格的，不得组织施工；未经验收或者验收不合格的，不得交付使用。

7. 建设单位申请消防设计审核应当提供下列材料：

（1）建设工程消防设计审核申报表；

（2）建设单位的工商营业执照等合法身份证明文件；

（3）新建、扩建工程的建设工程规划许可证明文件；

（4）设计单位资质证明文件；

（5）消防设计文件。

具有下列情形之一的，建设单位除提供上述所列材料外，应当同时提供特殊消防设计的技术方案及说明，或者设计采用的国际标准、境外消防技术标准的中文文本，以及其他有关消防设计的应用实例、产品说明等技术资料：

（1）国家工程建设消防技术标准没有规定的；

（2）消防设计文件拟采用的新技术、新工艺、新材料可能影响建设工程消防安全，不符合国家标准规定的；

（3）拟采用国际标准或者境外消防技术标准的。

8. 建设单位申请消防验收应当提供下列材料：

（1）建设工程消防验收申报表；

（2）工程竣工验收报告；

（3）消防产品质量合格证明文件；

（4）有防火性能要求的建筑构件、建筑材料、室内装修装饰材料符合国家标准或者行业标准的证明文件、出厂合格证；

（5）消防设施、电气防火技术检测合格证明文件；

（6）施工、工程监理、检测单位的合法身份证明和资质等级证明文件；

（7）其他依法需要提供的材料。

9. 公安机关消防机构收到消防设计、竣工验收备案后，出具备案凭证，并通过消防设计和竣工验收备案受理系统中预设的抽查程序，随机确定抽查对象；被抽查到的建设单位应当在收到备案凭证之日起五日内按照备案项目向公安机关消防机构提供消防设计审核和消防验收的材料。

10. 公安机关消防机构发现消防设计不合格的，在五日内书面通知建设单位改正；已经开始施工的，同时责令停止施工。建设单位收到通知后，应当停止施工，对消防设计组织修改后送公安机关消防机构复查。经复查，对消防设计符合国家工程建设消防技术标准强制性要求的，公安机关消防机构出具书面复查意见，告知建设单位恢复施工。

11. 公安机关消防机构实施竣工验收抽查时，发现有违反消防法规和国家工程建设消防技术标准强制性要求或者降低消防施工质量的，在五日内书面通知建设单位改正。建设单位收到通知后，应当停止使用，组织整改后向公安机关消防机构申请复查。经复查符合要求的，公安机关消防机构应当出具书面复查意见，告知建设单位恢复使用。

## 二、设计单位的职责

设计单位应当承担下列消防设计职责：

1. 根据消防法规和国家工程建设消防技术标准进行消防设计，编制符合要求的消防设计文件，不得违反国家工程建设消防技术标准强制性要求进行设计。

2. 在设计中选用的消防产品和有防火性能要求的建筑构件、建筑材料、室内装修装饰材料，应当注明规格、性能等技术指标，其质量要求必须符合国家标准或者行业标准。

3. 不得擅自修改经公安机关消防机构审核合格的建设工程消防设计。

4. 参加建设单位组织的建设工程竣工验收，对建设工程消防设计实施情况签字确认。

## 三、施工单位的责任

施工单位应当承担下列消防施工的质量和安全职责：

1. 按照国家工程建设消防技术标准和经消防设计审核合格或者备案的消防设计文件组织施工，不得擅自改变消防设计进行施工，降低消防施工质量。

2. 查验消防产品和有防火性能要求的建筑构件、建筑材料及室内装修装饰材料的质量，使用合格产品，保证消防施工质量。

3. 建立施工现场消防安全责任制度，确定消防安全负责人。加强对施工人员的消防教育培训，落实动火、用电、易燃可燃材料等消防管理制度和操作规程。保证在建工程竣工验收前消防通道、消防水源、消防设施和器材、消防安全标志等完好有效。

## 四、工程监理单位的责任

工程监理单位应当承担下列消防施工的质量监理职责：

1. 按照国家工程建设消防技术标准和经消防设计审核合格或者备案的消防设计文件实施工程监理。

2. 在消防产品和有防火性能要求的建筑构件、建筑材料、室内装修装饰材料施工、安装前，核查产品质量证明文件，不得同意使用或者安装不合格的消防产品和防火性能不符合要求的建筑构件、建筑材料、室内装修装饰材料。

3. 参加建设单位组织的建设工程竣工验收，对建设工程消防施工质量签字确认。

**五、其他单位的责任**

为建设工程消防设计、竣工验收提供图纸审查、安全评估、检测等消防技术服务的机构和人员，应当依法取得相应的资质、资格，按照法律、行政法规、国家标准、行业标准和执业标准提供消防技术服务，并对出具的审查、评估、检验、检测意见负责。

## 第二节　建筑消防设计和审核内容

**一、建筑消防设计和审核的意义**

建筑消防设计审核是指公安机关消防机构对工程建设、设计单位设计的工程图纸，进行消防审核，监督建设单位、设计单位严格执行国家有关建筑设计防火规范，保障建筑设计防火规范的贯彻实施。

公安机关消防机构依据国家消防法律、行政法规和技术标准对新建、改建、扩建、建筑内部装修和用途变更的建筑工程，从设计、施工到竣工实施消防监督，是国家赋予公安消防机构的重要职责，也是防止或减少建筑火灾事故的重要措施。

建筑消防设计和审核的目的，是在城市规划和建筑设计中采取各种消防技术措施，从根本上防止火灾发生，阻止火灾的蔓延扩大，为扑救火灾创造有利条件，把受灾区域和损失控制在较小范围。如果当一项建筑工程竣工后，发现不符合防火要求，这时再去采取补救措施，不仅影响工程的投产使用，而且在资金、材料等方面都会造成巨大浪费，甚至有的根本无法弥补相应的安全措施，只能停用或拆除。因此，建设、设计单位应当充分认识建筑消防设计和审核的重要性和必要性，严格执行国家和地方的有关消防法规、技术标准，主动地将新建、改建、扩建、建筑内部装修等建设工程的设计图纸、资料送当地公安消防机构审核，以保证各项消防安全措施的落实，防止遗留潜在的火灾隐患。

**二、建筑消防设计和审核的内容**

1. 总平面布局和平面布置中涉及消防安全的防火间距、消防车道、消防水源等；

2. 建筑的火灾危险性类别和耐火等级；

3. 建筑防火、防烟分区和建筑构造；

4. 安全疏散和消防电梯；

5. 消防给水和自动灭火系统；

6. 防烟、排烟和通风、空调系统防火；

7. 消防电源及其配电；

8. 火灾应急照明、应急广播和疏散指示标志；

9. 火灾自动报警系统和消防控制室；

10. 建筑内部装修防火；

11. 建筑灭火器配置；

12. 有爆炸危险的甲、乙类厂房的防爆设计；

13. 国家工程建设标准中有关消防设计的其他内容。

## 第三节　建筑施工消防管理

为防止和减少建设工程施工现场的火灾危害，保护人身和财产安全，必须加强建设工程施工现场消防管理工作。建设工程施工现场的防火，必须遵循国家有关方针、政策，针对不同施工现场的火灾特点，立足自防自救，采取可靠防火措施，做到安全可靠、经济适用、方便有效。

**一、总平面布局**

（一）一般规定

1. 临建设施是为建设工程施工服务，并随施工进度建造或拆除的办公、生活、生产用非永久性建（构）筑物及其他设施。施工现场总平面布局应确定下列临建设施的位置：

(1) 施工现场的围墙、围挡和出入口，场内临时道路；

（2）给水管网或管路和配电线路的敷设或架设走向、高度；

（3）施工现场办公用房、生活用房、生产用房、材料堆场及库房、可燃及易燃易爆物品存放场所、加工场、固定动火作业场、主要施工设备存放区等；

（4）临时消防车道和消防水源。

2. 施工现场宜设置2个或2个以上出入口，满足人员疏散、消防车通行的要求。

受施工现场条件限制，只能设置1个出入口时，应在场内设置满足消防车通行的环形道路或回车场地。

施工现场周边道路能满足消防车通行及灭火救援要求时，施工现场出入口至少应满足人员疏散的要求。

3. 施工现场办公、生活、生产、物料存贮等功能区宜相对独立布置，并应保持足够的防火距离。

4. 固定动火作业场不宜布置在办公用房、宿舍、可燃材料堆场和易燃、易爆物品存放库房常年主导风向的上风侧。

5. 易燃、易爆物品应按其种类、性质分别设专用存放库房，库房应设置在远离火源、固定动火作业场、疏散通道及人员和建筑物相对集中的避风处。

6. 宿舍、锅炉房和食物制作间不应设置于在建工程内。

7. 可燃、易燃和易爆物品存放场所禁止布置在高压线下。

（二）防火间距

1. 临建设施的布置应考虑防火、灭火及人员疏散的要求，临建设施与在建工程之间，施工现场主要临建设施之间应保持的一定的防火间距。

2. 可燃材料露天堆放时，应按其种类分别堆放。可燃材料垛高、单垛体积和垛与垛之间距离应符合有关规定。

（三）消防车道

1. 施工现场内应设置临时消防车道。施工现场周边道路满足消防车通行及灭火救援要求时，可不设置临时消防车道。

2. 消防车道的应满足消防车接近在建工程、办公用房、生活用房和可燃、易燃物品存放区的要求；消防车道的净宽和净空高度分别不应小于 4m。

**二、临建设施**

临建设施包括：办公用房、宿舍，食物制作间、锅炉房、可燃材料库房和易燃、易爆物品库房等生产性用房，其防火设计应符合有关规定。

**三、在建工程的安全疏散**

1. 临时疏散通道是指由不燃、难燃材料制作，供人员在施工现场发生火灾或意外事件时安全撤离危险区域，并到达安全地点或安全地带所经路径，如走道、楼梯、斜道、爬梯和道路等。在建工程应设置临时疏散通道。临时疏散通道可利用在建工程结构已完的水平结构、建筑楼梯，也可采用不燃及难燃材料制作的其他临时疏散设施。

2. 疏散通道应有一定的耐火极限。室内疏散走道、楼梯的净宽，疏散爬梯、斜道的净宽，室外疏散道路宽度，应符合有关规定。疏散通道为坡道时，应修建楼梯或台阶踏步或设置防滑条。疏散通道为爬梯时，应有可靠固定措施。疏散通道的侧面如为临空面，必须沿临空面设置防护栏杆。疏散通道应设置明显的疏散指示标识，应设有夜间照明，无天然采光的疏散通道应增设有人工照明设施。

3. 在建工程的疏散通道应与同层水平结构同期施工。

4. 在建工程的疏散通道如搭设在外脚手架上，外脚手架应采用不燃材料搭设。

5. 在建工程的作业位置应设置明显疏散指示标志，其指示方向应指向最近的疏散通道入口。

6. 建筑装饰装修阶段，应在作业层的醒目位置设置安全疏散示意图。

**四、消防设施**

（一）一般规定

1. 临时消防设施是设置在建设工程施工现场，用于扑救施工过程中初起火灾的器材、设备和设施，包括灭火器、临时消防给水系统和临时消防应急照明等。工程开工前，应对施工现场的临时消防设施进行设计。施工现场应合理利用已施工完毕的在建工程永久性消防设施兼作施工现场的临时消防设施。

2. 临时消防设施的设置宜与在建工程结构施工保持同步。

3. 隧道内的作业场所应配备防毒面具，其数量不应少于预案中确定的需进入隧道内进行灭火救援的人数。

（二）灭火器

1. 施工现场的下列场所应配置灭火器：可燃、易燃物存放及其使用场所；动火作业场所；自备发电机房、配电房等设备用房；施工现场办公、生活用房；其他具有火灾危险的场所。

2. 灭火器的类型应与配备场所的可能火灾类型相匹配；最低配置标准应符合有关规定；每个部位配置的灭火器数量不应少于2具。灭火器的最大保护距离应符合有关规定。

（三）消防给水系统

1. 施工现场或其附近应有稳定、可靠的水源，并应能满足施工现场临时生产、生活和消防用水的需要。临时消防水源可采用市政给水管网或天然水源，采用天然水源时，应有可靠措施确保冰冻季节、枯水期最低水位时顺利取水及消防用水量要求。

2. 施工现场临时建筑面积或在建工程体积较大时，应设置临时室外消防给水系统。当施工现场全部处于市政消火栓的150m保护范围内，且市政消火栓的数量满足室外消防用水量要求时，可不设置临时室外消防给水系统。

3. 室外消防用水量应按临建区（布置临建设施的区域）和在建工程临时室外消防用水量的较大者确定。施工现场未设置临时办公、生活设施，可不考虑临建区的消防用水。

4. 临建区的临时室外消防用水量和在建工程的临时室外消防用水量不应小于有关规定。

5. 施工现场的临时室外消防给水管网宜布置成环状，主干管的直径、给水管网末端压力应符合有关规定。室外消火栓沿在建工程、办公与生活用房和可燃、易燃物存放区布置。消火栓的间距和最大保护距离应在规定的范围之内。

6. 根据建筑高度或在建工程（单体）体积，视情在在建工程施工现场设置临时室内消防给水系统。临时室内消防给水系统应保证可靠供水。

7. 根据有关规定，视情增设楼层高位水箱及高位消防水泵。当外部消防水源不能满足施工现场的临时消防用水要求时，应在施工现场设置临时消防水池。

（四）消防电气

1. 施工现场的取水泵和消防水泵应采用专用配电线路。专用配电线路应自施工现场总配电箱的总断路器上端接入，并应保持连续不间断供电。

2. 施工现场的自备发电机房、变配电房，取水泵房、消防水泵房，发生火灾时仍需坚持工作的其他场所应配备临时应急照明，其照度值不应低于正常工作所需照度值。

**五、施工现场作业防火要求**

（一）一般规定

1. 在建工程所用保温、防水、装饰、防火材料的燃烧性能应符合设计要求。

2. 在建工程的外脚手架、支模架、操作架、防护架的架体，宜采用不燃或难燃材料搭设。

3. 施工作业安排时，宜将动火作业安排在使用可燃、易燃建筑材料的施工作业之前。

4. 施工现场动火作业应履行审批手续。具有爆炸危险的场所禁止动火作业。

（二）施工现场用火、用电、用气

1. 采用可燃保温、防水材料进行保温、防水施工时，应组织分段流水施工，并及时隐蔽，严禁在裸露的可燃保温、防水材料上直接进行动火作业。

2. 室内使用油漆、有机溶剂或可能产生可燃气体的物资，应保持室内良好通风，严禁动火作业和吸烟。

3. 施工现场调配油漆、稀料、醇酸清漆等危险作业应在在建工程之外的安全地点进行。

4. 施工现场的动火作业应符合下列规定：

（1）动火作业前，应对动火作业点进行封闭、隔离，或对动火作业点附近的可燃、易燃建筑材料采取清除或覆盖、隐蔽措施；

（2）动火作业时，应按本规范要求配置灭火器；在可燃、易燃物品附近动火作业时，应设专人监护；

（3）五级（含五级）以上风力时，应停止室外动火作业；

（4）动火作业后，应确认无火灾隐患。

5. 施工现场的电气线路敷设应符合下列规定：

（1）施工现场的动力和照明线路必须分开设置，配电线路及电气设备应设置过载保护装置；

（2）严禁使用陈旧老化、破损、线芯裸露的导线；

（3）当采用暗敷设时，应敷设在不燃烧体结构内。当采用明敷设时，应穿金属管、阻燃套管或封闭式阻燃线槽。当采用绝缘或护套为非延燃性的电缆时，可直接明敷；

（4）严禁不按操作规程和要求敷设或连接电气线路，严禁超负荷使用电气设备。

6. 施工现场照明灯具的设置应符合下列规定：

（1）易燃材料存放库房内不宜使用功率大于 40W 的热辐射照明灯具，可燃材料存放库房内不宜使用功率大于 60W 的热辐射照明灯具，其他临时建筑内不宜使用功率大于 100W 的热辐射照明灯具和功率大于 3kW 的电气设备；

（2）热辐射照明灯具与可燃、易燃材料之间应保持一定的安全距离。

7. 施工现场使用易燃、易爆气体时应符合有关消防安全规定。

## 六、消防安全管理

### （一）一般规定

1. 施工现场防火应统一管理。实行工程总承包的项目，应由总承包单位负责施工现场的防火；未实行工程总承包的项目，应由建设单位负责施工现场的防火。

施工现场的其他单位应承担合同约定的防火责任和义务。

2. 监理单位应负责对施工现场防火实施全程监理。

3. 施工现场的防火责任单位应制定施工现场的消防安全管理办法，落实相关消防安全生产责任制度。

4. 施工过程中，施工现场安全管理人员应对施工现场的消防安全管理工作和消防安全状况进行检查。

### （二）技术管理

1. 施工单位应编制施工现场消防安全管理方案。消防安全管理方案可以是施工组织设计的一部分，内容应包括：重大火灾危险源辨识；施工现场消防管理组织及人员配备；施工现场临时消防设施及疏散设施的配备；施工现场防火技术方案和措施；施工现场临时消防设施布置图。

2. 施工单位应针对重大火灾危险源编制消防应急预案。应急预案应包括：应急策划或对策；应急准备；应急响应；现场恢复；预案管理与评审改进。

3. 施工人员进场时，施工现场的安全管理员应向施工人员进行消防安全教育和培训。消防安全教育和培训应包括以下内容：

（1）施工现场消防安全管理制度；

（2）施工现场重大火灾危险源及主要防火措施；

（3）施工现场临时消防设施的性能及使用、维护方法；

（4）报火警、扑救初起火灾及自救逃生的知识和技能。

4. 安全技术交底应包括以下与消防有关的内容：

（1）施工过程中可能发生火灾的部位或环节；

（2）施工过程配备的临时消防设施及采取的防火措施；

（3）初起火灾的扑灭方法及注意事项；

（4）逃生方法及路线。

5. 施工现场防火责任单位应做好并保存施工现场消防安全管理的相关记录和资料，建立消防安全管理档案。

（三）其他消防安全要求

1. 易燃、易爆物应按计划限量进场，并按不同性质分类，专库储存。

2. 施工单位应做好施工现场临时消防设施的日常保养及定期维护工作，对已失效或损坏的消防设施，应及时更换或修复。

3. 严禁占用、堵塞和损坏安全疏散通道和安全出口，严禁随意遮挡和挪动疏散指示标志。

4. 施工现场的重点防火部位，应设置防火警示标志。

5. 施工现场应设置固定吸烟处，禁止在固定吸烟处之外的场所吸烟。

6. 施工现场不应明火取暖。

## 第四节　建筑使用消防管理

确保建筑物的消防安全不仅是建筑物所有者、管理者的责任，也是建筑物使用者的责任。

### 一、建筑使用消防安全管理要求

根据《消防法》等有关消防法律法规规定，建筑物使用消防管理应遵守下列要求：

1. 建设工程竣工后，经公安消防机构验收合格后，建筑物的所有者或管理者方可接收使用；未经验收或者经验收不合格的不得接收或投入使用。

2. 公众聚集场所在投入使用、营业前，建设单位或者使用单位应当向场所所在地的县级以上地方人民政府公安机关消防机构申请消防安全检查。未经消防安全检查或者经检查不符合消防安全要求的，不得投入使用、营业。

3. 机关、团体、企业、事业等单位应当履行有关消防法规规定的消防安全职责。消防安全重点单位更不例外。

4. 同一建筑物由两个以上单位管理或者使用的，应当明确各方的消防安全责任，并确定责任人对共用的疏散通道、安全出口、建筑消防设施和消防车通道进行统一管理。

住宅区的物业服务企业应当对管理区域内的共用消防设施进行维护管理，提供消防安全防范服务。

5. 生产、储存、经营易燃易爆危险品的场所不得与居住场所设置在同一建筑物内，并应当与居住场所保持安全距离。生产、储存、经营其他物品的场所与居住场所设置在同一建筑物内的，应当符合国家工程建设消防技术标准。

6. 建筑物使用中不得擅自变更使用性质。建筑物的使用情况应当与原设计和消防审核意见相一致，其性质不能随意改变。因为当其使用性质发生变化后，其火灾危险性也会随之改变，往往会产生新的火灾隐患。若因特殊情况需改变使用性质时，必须重新报经公安机关消防机构审批核准，并按消防机构审批意见进行改建，改建后须经消防机构验收合格方可使用。

在设有车间或仓库的建筑物内，不得设置员工集体宿舍。

7. 举办大型群众性活动，承办人应当依法向公安机关申请安全许可，制定灭火和应急疏散预案并组织演练，明确消防安全责任分工，确定消防安全管理人员，保持消防设施和消防器材配置齐全、完好有效，保证疏散通道、安全出口、疏散指示标志、应急照明和消防车通道符合消防技术标准和管理规定。

8. 禁止在具有火灾、爆炸危险的场所吸烟、使用明火。因施工等特殊情况需要使用明火作业的，应当按照规定事先办理审批手续，采取相应的消防安全措施；作业人员应当遵守消防安全规定。

进行电焊、气焊等具有火灾危险作业的人员和自动消防系统的操作人员，必须持证上岗，并遵守消防安全操作规程。

9. 生产、储存、运输、销售、使用、销毁易燃易爆危险品，必须执行消防技术标准和管理规定。进入生产、储存易燃易爆危险品的场所，必须执行消防安全规定。禁止非法携带易燃易爆危险品进入公共场所。

储存可燃物资仓库的管理，必须执行消防技术标准和管理规定，不得超量储存和混储。要按照有关法规要求，严格做到限量储存，堆放的货物与建筑物的灯、墙、柱、梁、顶之间，货物与货物之间应保持一定的安全距离。存放易燃易爆化学危险物品的仓库，必须做到性质相互抵触的物品和灭火方法不同的物品，不得混储在一个仓库内，应当分类、分库储存，防止相互接触引起燃烧甚至爆炸。

10. 人员密集场所室内装修、装饰，应当按照消防技术标准的要求，使用不燃、难燃材料。

11. 任何单位、个人不得损坏、挪用或者擅自拆除、停用消防设施、器材，不得埋压、圈占、遮挡消火栓或者占用防火间距，不得占用、堵塞、封闭疏散通道、安全出口、消防车通道。人员密集场所的门窗不得设置影响逃生和灭火救援的障碍物。

安全疏散通道和出口是为了保证火灾时建筑物内人员安全撤离的逃生之路，一旦堵塞，发生事故时人员就难以迅速疏散和逃生，造成大量的人员伤亡。安全疏散通道和安全门在任何时候任何情况下都应确保畅通无阻，尤其在使用时、营业中必须全部打开。在疏散通道内不得堆放任何影响安全疏散的物品。不得改变疏散门的开启方向、减少安全出口和疏散出口的数量及其净宽度。

12. 负责公共消防设施维护管理的单位，应当保持消防供水、消防通信、消防车通道等公共消防设施的完好有效。在修建道路以及停电、停水、截断通信线路时有可能影响消防队灭火救援的，有关单位必须事先通知当地公安机关消防机构。

**二、建筑物所有者、管理者和使用者的消防安全责任**

在建筑物使用过程中，建筑物的所有者、管理者和使用者的主要消防安全责任是：

1. 建筑物的所有者、管理者与使用者之间应当签订消防安全责任书，落实消防安全责任制，明确各自的消防安全责任，并经常检查责任制的落实情况。

2. 实行承包、租赁或者委托经营、管理时，产权单位应当提供符合消防安全要求的建筑物，当事人在订立的合同中依照有关规定明确各方的消防安全责任；消防车通道、涉及公共消防安全的疏散设施和其他建筑消防设施应当由产权单位或者委托管理的单位统一管理。

承包、承租或者受委托经营、管理的单位应当遵守有关规定，在其使用、管理范围内履行消防安全职责。

举办集会、焰火晚会、灯会等具有火灾危险的大型活动的主办单位、承办单位以及提供场地的单位，应当在订立的合同中明确各方的消防安全责任。

3. 落实建筑消防设施的管理人员和值班人员，并落实管理措施。根据建筑物的特点和有关消防法规，制定本单位的消防安全制度、消防安全操作规程。消防安全重点单位还应确定消防安全管理人，组织实施本单位的消防安全管理工作。

4. 按照国家有关规定配置消防设施和器材，设置消防安全标志，并定期组织检验、维修，确保消防设施正常运行和消防器材的完好、有效。对建筑消防设施每年至少进行一次全面检测，确保完好有效，检测记录应当完整准确，存档备查。

5. 组织防火检查，及时消除火灾隐患。消防安全重点单位还应实行每日防火巡查，并建立巡查记录。公众聚集场所在营业时间应至少每两小时巡查一次，营业结束后应检查并消除遗留火种。医院、养老院及寄宿制学校、托儿所和幼儿园应当加强夜间防火巡查，其他消防安全重点单位可以结合实际组织夜间防火巡查。

6. 保障疏散通道、安全出口、消防车通道畅通，保证防火防烟分区、防火间距符合消防技术标准。

7. 制定灭火和应急疏散预案，组织进行有针对性的消防演练。消防安全重点单位还应当对职工进行岗前消防安全培训，定期组织消防安全培训和消防演练。

8. 消防安全重点单位应当建立消防档案，确定消防安全重点部位，设置防火标志，实行严格管理。

# 第九章 建筑用火、电气和重点工种管理

## 第一节 建筑用火管理

### 一、生产和生活中常见火源的管理

（一）严格管理生产用火

《消防法》第21条规定："禁止在具有火灾、爆炸危险的场所吸烟、使用明火。因施工等特殊情况需要使用明火作业的，应当按照规定事先办理审批手续，采取相应的消防安全措施；作业人员应当遵守消防安全规定。"根据此规定，甲、乙、丙类生产车间、仓库及厂区和库区内严禁动用明火，若生产需要必须动火时应经单位的安全保卫部门或防火责任人批准，并办理动火许可证，落实各项防范措施。对于烘烤、熬炼、锅炉、焙烧炉、加热炉、电炉等固定用火地点，必须远离甲、乙类生产车间和仓库，满足防火间距要求，并办理用火许可证。

（二）控制各种机械打火

生产过程中的各种转动的机械设备、装卸机械、搬运工具，应有可靠的防止冲击、摩擦打火的措施，有可靠的防止石子、金属杂物进入设备的措施。对提升、码垛等机械设备易产生火花的部位，应设置防护罩。

（三）严控机动车辆火星

进入甲、乙类和易燃原材料的厂区、库区的汽车、拖拉机等机动车辆，排气管必须加戴防火罩。

（四）严格管理生活用火

甲、乙类和易燃原材料的生产厂区、库区应有醒目的"严禁

烟火”防火标志，厂区和库区内不准抽烟，不准生火做饭、明火取暖和烧荒，进入的人员必须登记，并交出随身携带的火种。

在生活用火引起的火灾中，吸烟占首位。吸烟引起火灾的次数占总火灾次数的6％以上。因此在一切需要禁止火种的地方要严禁吸烟，要大力宣传吸烟防火，加强对吸烟的安全管理。

炊事用火是人们最经常的生活用火。炊事用火的主要器具是各种炉灶，有的炉灶还设有烟囱。炉灶在使用的过程中若忽视了防火安全，极易引发火灾。关于炊事用火，除了居民家庭外，单位的食堂、饮食行业也必须注意炊事用火安全。

此外，生活用火还有灯火照明、取暖、燃放烟花爆竹、宗教活动用火等，对此都要加强管理。

（五）采取防静电措施

运输或输送易燃物料的设备、容器、管道，都必须有良好的接地措施，防止静电聚积放电。进入甲、乙类场所的人员，不准穿戴化纤衣服。

（六）消除化学反应热

储存有积热自燃危险物品的库房，堆垛不可过高、过大，要留足垛距、顶距、柱距和检查通道，以利通风散潮和安全检查。同时，在储存期间要注意观察和检测温、湿度变化，防止化学反应热的积聚而导致自燃起火。对于遇空气可自燃的物品，包装要绝对保证严密不漏。要加强对遇水生热物品的管理。

（七）严格电气防火措施（见本章第二节）

（八）采取防雷和防太阳光聚焦措施

甲、乙类生产车间和仓库以及易燃原材料露天堆场、贮罐等，都应安设符合要求的避雷装置。甲、乙类车间和库房的门窗玻璃应为毛玻璃或普通玻璃涂以白色漆，以防止太阳光聚焦。

**二、生产动火的管理**

所谓动火，是指在生产、维修建筑中动用明火作业，如电焊、气割等用明火作业。动火的安全要求是：

1. 动火作业人员应当遵守消防安全规定。进行电焊、气焊等具有火灾危险作业的人员，必须持证上岗，遵守消防安全操作规程，落实相应的消防安全措施。

2. 商店、公共娱乐场所禁止在营业时间进行动火施工。

3. 单位应当对动用明火实行严格的消防安全管理。禁止在具有火灾、爆炸危险的场所使用明火；因特殊情况需要进行电、气焊等明火作业的，动火部门和人员应当按照单位的用火管理制度办理审批手续，落实现场监护人，在确认无火灾、爆炸危险后方可动火施工。

4. 公众聚集场所或者两个以上单位共同使用的建筑物局部施工需要使用明火时，施工单位和使用单位应当共同采取措施，将施工区和使用区进行防火分隔，清除动火区域的易燃、可燃物，配置消防器材，专人监护，保证施工及使用范围的消防安全。

（一）动火的分级管理

动火作业根据作业区域火灾危险性的大小分为特级、一级、二级三个级别：

特级动火是指在处于运行状态的易燃易爆生产装置和罐区等重要部位的具有特殊危险的动火作业。凡是在特级动火区域内的动火必须办理特级动火证。

一级动火是指在甲、乙类火灾危险区域内动火的作业。甲、乙类火灾危险区域是指生产、储存、装卸、搬运、使用易燃易爆物品或挥发、散发易燃气体、蒸气的场所。凡在甲、乙类生产厂房、生产装置区、贮罐区、库房等防火间距内的动火，均为一级动火。其区域为30m半径的范围，所以，凡是在这30m范围内的动火，均应办理一级动火证。

二级动火是指特级动火及一级动火以外的场所动火作业。即指化工厂区内除一级和特级动火区域外的动火和其他单位的丙类火灾危险场所范围内的动火。凡是在二级动火区域内的动火作业均应办理二级动火许可证。

### （二）固定动火区和禁火区的划分

工业企业，应当根据本企业的火灾危险程度和生产、维修、建设等工作的需要，经使用单位提出申请，企业的消防安全部门登记审批，划定出固定的动火区和禁火区。

1. 设立固定动火区的条件

固定动火区系指允许正常使用电气焊（割）及其他动火工具从事检修、加工设备及零部件的区域。在固定动火区域内的动火作业，可不办理动火许可证，但必须满足以下条件：

（1）固定动火区域应设置在易燃易爆区域全年最小频率风向的上风或侧风方向；

（2）距易燃易爆的厂房、库房、罐区、设备、装置、阴井、排水沟、水封井等不应小于30m，并应符合有关规范规定的防火间距要求；

（3）室内固定动火区应用实体防火墙与其他部分隔开，门窗向外开，道路要畅通；

（4）生产正常放空或发生事故时，能保证可燃气体不会扩散到固定动火区；

（5）固定动火区不准存放任何可燃物及其他杂物，并应配备一定数量的灭火器材；

（6）固定动火区应设置醒目、明显的标志，其标志应包含：“固定动火区”的字样；动火区的范围；动火工具、种类；防火责任人；防火安全措施及注意事项；灭火器具的名称、数量等内容。

2. 禁火区的划定

在易燃易爆工厂、仓库区内一律为禁火区。各禁火区应设禁火标志。

### （三）动火许可证及审核、签发的要求

1. 动火许可证的主要内容

动火许可证应清楚地标明动火等级、动火有效期、申请办证单位、动火详细位置、工作内容、动火手段、安全防火措施和动

火分析的取样时间、取样地点、分析结果、每次开始动火时间，以及责任人和各级审批人的签名及意见。

2. 动火许可证的有效期

动火许可证的有效期应根据动火级别而确定。特级动火和一级动火的许可证有效期应不超过 1d；二级动火许可证的有效期可为 6d。时间均应从火灾危险性动火分析后不超过 30min 的动火时算起。

3. 动火许可证的审批程序和终审权限

为严格对动火作业和管理，区分不同动火级别的责任，对动火许可证应按一定的程序审批。

（四）动火有关责任人的职责

从动火申请，到终审批准，各有关人员必须按各级的职责认真落实各项措施和规程，确保动火作业的安全。动火有关责任人的职责是：

1. 动火项目负责人通常由具有动火作业任务的当班班、组长或临时负责人担任。动火项目负责人对执行动火作业负全责，必须在动火之前详细了解作业内容和动火部位及其周围的情况，参与动火安全措施的制定，并向作业人员交代任务和防火安全注意事项。

2. 动火执行人在接到动火许可证后，要详细核对各项内容是否落实，审批手续是否完备。若发现不具备动火条件时，有权拒绝动火，并向单位防火安全管理部门报告。动火执行人要随身携带动火许可证，严禁无证作业及审批手续不完备作业。每次动火前 30min 均应主动向现场当班的班、组长呈验动火许可证，并让其在动火许可证上签字。

3. 动火监护人一般由动火作业所在部位的操作人员担任，但必须是责任心强、有经验、熟悉现场、掌握灭火手段的操作工。动火监护人负责动火现场的防火安全检查和监护工作，检查合格后，在动火许可证上签字认可。

动火监护人在动火作业过程中不准离开现场，当发现异常情况时，应立即通知停止作业，及时联系有关人员采取措施。作业完成后，要会同动火项目负责人、动火执行人进行现场检查，确定无隐患后方可离开现场。

4. 班、组长在动火作业期间应负责做好生产与动火作业的衔接工作。在动火作业中，生产系统如有紧急或异常情况时，应立即通知停止动火作业。

5. 动火分析人员要对分析结果负责，根据动火许可证的要求及现场情况亲自取样分析，在动火许可证上如实填写取样时间和分析结果，并签字认可。

6. 各级审查批准人，必须对动火作业的审批负责，必须亲自到现场详细了解动火部位及周围情况，审查并确定动火级别、防火安全措施等，在确认符合安全条件后，方可签字批准动火。

## 三、生活用火管理

### （一）吸烟防火

烟头虽是个不大的火源，但它能引起许多物质着火。吸烟时还要使用打火机或火柴等等点火器具，每支点着的香烟、划过的火柴、点香烟的打火机都是一个火源。由于吸烟人数多，分布面广，吸烟量大，因此在生活用火引起的火灾中，吸烟占首位。吸烟的防火安全要求是：

1. 严禁在禁火区内吸烟。在一切有易燃易爆物品的场所，物资仓库，有精密设备和其他贵重物品的地方及其他重要场所，都应当划定禁火区，在禁火区内要严禁吸烟。如要吸烟，应在生活区内设置专门吸烟室。吸烟室内应设烟灰缸，做到烟头、烟灰、火柴梗“三不落地”。

2. 禁止在维修汽车和用油品等清洗机器零件时吸烟。操作人员如需吸烟应远离油盆（桶）；如果手上沾有油品，应清洗后再吸烟。吸烟完毕，应将烟头弄熄再继续作业。

3. 不要躺在床上、沙发上吸烟；卧床的老人和病人吸烟，应有人照顾，酒醉的人入睡时也应有人照顾，并劝其不得在昏迷状态下吸烟。

4. 吸烟时，如临时有其他事情，应将烟头熄灭后人再离开。

5. 划过的火柴梗，吸剩的烟头，一定要弄熄。未熄的火柴梗、烟头要放进烟灰缸或痰盂内，不可用纸卷、火柴盒、卷烟包装纸当烟灰缸，不可把烟头、火柴梗扔在废纸篓里，更不可随处乱扔。

6. 认真遵守吸烟制度，自觉不在禁烟区吸烟。对违反禁烟制度者要给予批评教育或经济处罚。

（二）炊事用火管理

炊事用火是人们最经常的生活用火。炊事用火的主要器具是各种炉灶，许多炉灶还设有排烟的烟囱；烹调菜肴、油炸食品时要使用食油，热油属于易燃物质，如不重视防火，就有可能发生火灾。

1. 液化石油气炉灶防火

液化石油气是一种成分复杂的混合气体，无色透明，有臭味。平常居民所使用的液化石油气，是将这种气体加压使之液化输入钢瓶的。在常温下液态的液化石油气易挥发。液化石油气一旦逸出钢瓶，即由液态变成气态，体积能迅速扩大250～350倍，而且比空气重1.5～2倍，往往停滞聚集在地板下面的空隙、下水道等低洼处，一时不易散开。液化石油气的爆炸极限约为2%～10%，遇有明火会立即爆炸、燃烧。

预防液化石油炉发生爆炸、火灾的措施有：

（1）必须严格执行液化石油气炉灶的管理规定，确保炉灶在完好状态下使用。

（2）装气的钢瓶不得存放在住人的房间、办公室和人员稠密的公共场所。在厨房里，钢瓶与灶具要保持1～1.5m的安全距离，并保持室内空气流通。严防高温和日光曝晒，不得与其他火源同室布置。

（3）经常检查炉灶各部位，发现阀门堵塞、失灵、胶管老化破损等，要立即停用修理。如发觉室内有液化石油气味，要立即关闭炉灶开关和角阀，切断气源，及时打开门窗，严禁在周围吸烟、划火、开闭电气开关，并且熄灭相邻房间的炉火或关闭相邻房间的门窗进行隔离。检查泄漏点可用肥皂水，严禁使用明火试漏。

（4）炉灶点火时，要先开角阀后划火柴，再开启炉开关。如没有点着，应关好炉开关，等油气扩散后再重新点火。如果发现只有几个孔着火，火焰不稳定或发出扑扑声，以至将火扑灭，这里因为空气流通量过大，可将调风板关小些。使用时，调节好进空气挡板，使火焰呈蓝色。

（5）用完炉火应关好炉灶的开关、角阀或户内供气管道上的阀门，以免因胶管老化泄漏、脱落或被老鼠咬破而使气体逸出。

（6）使用液化气炉灶不能离人，锅、壶不得装水过满，以防饭、水溢出扑灭炉火。

（7）不要让老人、小孩或病人以及不会使用的家庭成员或客人使用液化气炉灶。要教育小孩别玩弄钢瓶和开关等。

（8）钢瓶要防止碰撞、敲打。周围环境温度不得大于35℃，不得接近火炉、暖气等火源、热源，不得与化学危险品混存，更不能用热水烫、烘烤、火烧。

（9）钢瓶不能倾倒、倒置使用，以免液体流出发生危险。严禁用自流方法将油气从一个钢瓶倒入另一个钢瓶。

（10）不得自行处理残液，残液由充装单位统一回收。不许随意排放油气，更不得用残液生火或擦洗机械零件。

（11）发现角阀压盖松动、丝扣上反、手轮关闭上升等现象，应及时与液化气站联系，由他们派人处理，任何人不得私自处理。钢瓶不得带气拆卸。

2. 煤气炉灶防火

煤气的主要成分是氢气、一氧化碳和轻质烃类，与空气混合成一定比例后，遇火会爆炸。煤气炉灶的防火安全要求是：

（1）进入住宅的煤气管道应加保护套管，以防检修地下工程设施时管道受到损伤。室内煤气管道应明设，并不宜敷设在地下室和楼梯间内，如必须暗设或通过地下室时，要便于安装和检修。

（2）室内煤气管道不应设在潮湿或有腐蚀性介质的室内。当必须敷设时，必须采取防腐措施。

（3）室内煤气管道应采用镀锌钢管，不应穿过卧室、浴室，如必须穿过时，须设置在套管中。

（4）用气计量表具宜安装在室内通风良好的地方，严禁安装在卧室、浴室和放置化学危险品与可燃物的地方。

（5）煤气炉灶不得在地下室或住人的室内使用。

（6）煤气炉灶与管道的连接不宜采用软管，如必须使用时，其长度不应超过 2m，两端必须扎牢，软管老化应及时更新。每次使用完毕，应将连接管道一端的阀门关紧，以防漏气。

（7）各种燃烧设备的制造必须符合安全要求，并经当地煤气主管部门认可。

（8）严禁个人擅自更换、拆迁煤气管道、阀门、计量表具等设备。如需要维修，应由供气单位进行。管线、计量装置及阀门安装、维修后，应经试压、试漏检查合格后，方可投入使用。

（9）在使用煤气炉灶时，必须严格按照“先点火、后开气”的顺序。如未点着时，应立即关气，待煤气散尽后再点火开气。

（10）如发现漏气，应立即采取通风措施，并通知供气部门检修。在任何情况下都严禁使用明火试漏。

3. 天然气炉灶防火

天然气是一种以甲烷为主的低级烃的混合物，具有易燃易爆特性。天然气炉灶一般由进户管线、控制阀门、连接导管、灶具、烟筒五部分组成。天然气炉灶的防火措施是：

（1）天然气管线的引火管要架空或在地面上铺设，不得埋入地下。管线的安装要由专业人员进行，个人不得乱拉乱接。

（2）天然气管线阀门必须完整好用，各部位不得漏气。严禁用其他阀门代替针形阀门。

（3）天然气连接导管两端必须用金属丝缠紧，经常用肥皂水检查是否漏气。严禁使用不耐油的橡胶管线作连接导管。

（4）在用户附近的进户线上，要设置相应的油气分离器，并定期排放混在管线内的轻质油和水。当发现灶具冒轻质油时，要立即停火，将轻质油排出后再点火。

（5）使用天然气炉灶前，要检查室内有无漏气，发现漏气或有天然气气味时，严禁动用明火或开、关电气开关。要打开门窗通风，及时查找漏气处。

（6）使用天然气炉取暖的火炕、火墙的烟道要畅通，烧火时如发现熄火，应隔几分钟后再点火。金属烟筒口距可燃建筑构件不应小于1m，烟筒口应装拐脖，防止倒风。

（7）天然气管线、阀门的维修，必须在停气时进行。停气、送气时，必须事先通知用户。新安装的管线、阀门应经试压、试漏检验合格后，方可使用。

4. 煤炉灶防火

煤炉灶由炉体和附属部分组成。炉体包括炉膛、炉箅、灰坑、烟道口、炉门，附属部分主要是烟囱。煤炉灶的防火要求是：

（1）炉灶、烟道与可燃构件要保持一定的安全距离。一般情况下，金属炉体、炉筒与周围可燃构件的距离应为70～100cm。砖砌炉灶的门与可燃构件的距离应为37cm，火墙为30～37cm。若达不到规定的要求，应用石棉瓦、砖墙、金属板等不燃隔热材料隔开一定距离。在木质地板上安设火炉时，必须用砖、坯铺成隔热炉垫，其厚度不应小于14cm，并在炉门前应用0.7m×0.5m的不燃材料覆盖地板。

（2）烟囱在闷顶内穿过保暖层时，在其周围50cm范围内应用难燃材料作隔热层，隔热层应高出保暖层60cm以上。保暖层上最好盖上炉灰，烟囱表面刷上白浆，并不得在闷顶内开设烟囱清扫孔。烟囱应高出房脊，防止从烟囱里飞出的火星窜过瓦缝，进入闷顶。

（3）修建烟道时，分烟道与主烟道交接，不要直接串通，入口之间差距不应小于75cm。

（4）用砖、坯砌筑烟囱、火墙、火炕时，要认真选择建筑材料。砌筑时应在黏土浆内掺入适量的砂子，防止炉体因材质不良而开裂漏火。

（5）炉灶与火炕中间，如果是可燃的间壁墙，在紧靠锅灶和火炕部分要用砖等不燃材料砌筑，并高出坑面 30cm。

（6）炕炉最好搭设在炕墙里面，这样能防止烤着炕沿木和炕上的衣物，并能防止小孩跌倒在炕炉上发生危险。

（7）火炉周围不得堆放木材、柴草等可燃物质；不得在炉筒上烘烤衣物，周围最好用缸、盆存些水。

（8）严禁使用汽油、煤油等易燃液体引火。

（9）从炉灶内掏出的炉灰不要急于外倒，如无地存放需要马上外倒时，要用水浇湿熄灭，以防热灰、火星燃着附近的可燃物造成火灾。

（10）对炉灶烟囱要经常进行检查，特别是入冬前必须彻底检查一次。发现损坏、裂缝等不严实的地方，要及时修理。检查时可以表面观察，也可用“憋烟法”找出漏烟的部位。

（11）在柴草较多、居住密集的城镇和靠近林区容易酿成大面积火灾的地方，为防止烟囱逸出火星，可在烟囱上或膛眼上加防火帽或挡板熄灭火星。在大风天要严格控制上风向的炉灶用火或暂时停止使用炉灶。使用吹风机的炉灶烟囱均应安装火星熄灭装置。

（12）金属炉筒与墙内烟囱连接时，插入的深度不应小于 10cm。两节烟筒互相套接时，搭接的长度不应小于烟筒的半径。接缝都要抹泥封死封牢。

（13）应严格控制火炉、火炕的用火量。点火使用炉灶时，要始终有人看管，做到人离火灭。

5. 炊事防火

（1）在炉灶上煨炖各种含油食品时，汤不宜太满，应有人看管，发现汤水沸腾时，应降低炉温，或将锅盖揭开，或加入冷汤，防止浮油溢出锅外。

（2）油炸食品时，油不能放得太满，油锅搁置要稳妥。

（3）起油锅时，人不能离开，油温达适当温度时应立即放入菜肴、食品。如油温过高起火时，不要惊慌，可迅速盖上锅盖，隔绝空气使火熄灭，同时将油锅平稳地端离炉火，待其冷却后才能打开锅盖。

（4）炉灶排风罩上的油垢要定期清除。

（三）取暖防火

我国广大地区，特别是北方地区，冬季都要取暖。预防取暖火灾的措施有：

1. 用火炉、火炕取暖的，要做好炉灶和烟囱防火。

2. 金属火盆不宜放在木架及其他可燃材料上，如直接放置在木地板上，应用砖块等隔热。

3. 在火桶、火盆内燃木材、树枝、杂草等取暖时，添加的燃料不能太多，不能将火烧得太旺，以防火焰蹿得太高。火桶、火盆等不能触及床铺、粮囤、帐篷等可燃物，边上不要堆放过多的燃料。在帐篷内使用明火取暖，更要特别小心。

4. 在室外燃火取暖，要选择在远离可燃物的安全地点，周围要有不燃材料阻挡，以防火星飞出。

5. 在野外燃烧篝火时，应先将周围杂草、树枝清除，人离开时必须将余火扑灭，最好再向余灰上浇水，以免留下隐患。

6. 煤气取暖器燃烧温度高，辐射热强，一定要放置在安全地点，不得直接放置在木质桌椅上和地板上，不能靠近可燃物。使用后，临睡前，要熄灭火种，切断气源。

7. 电热取暖器在使用时，不可靠近可燃物，用后要及时切断电源。刚断电的取暖器尚有余热，不可立即装入纸箱；不可用电熨斗、电炉等作为取暖器具。

8. 使用电热毯取暖的要严格按照电热毯安全使用的有关要求，做好防火。

（四）其他用火安全管理

生活用火除上述用火外，还有灯火照明、驱蚊、小孩玩火、燃放烟花爆竹、宗教活动用火等。对这些用火都要采取措施，以防引起火灾。

灯火照明应注意点燃的油灯、蜡烛不要靠近蚊帐、门窗帘子等可燃物；在禁用明火处不得用油灯、蜡烛照明；油灯和蜡烛不得放置在可燃物上；使用油灯、蜡烛必须有人看管，做到人离开或睡觉时将火熄灭。

驱蚊时点燃的蚊香要放在不燃的金属架上，支架不得直接放在可燃上。点燃的蚊香不得靠近蚊帐、床单、衣服等可燃物。人离开时要将蚊香熄灭。

教育小孩不要玩火，此外还要严格管理火种，不让小孩轻易得到，注意关闭燃气的总开关等。

燃放烟花爆竹要注意选择安全地点，在城镇及其他人口稠密区禁止燃放高空烟花。单位燃放高空烟花、举办焰火晚会，须经公安机关批准，并采取严格的安全措施。不得在电线下面、工厂、仓库、公共场所、易燃房屋、建筑工地、加油站及其他重要设施附近燃放烟花爆竹，也不能在窗口、阳台、室内燃放。燃放烟花爆竹时要严格按燃放的说明进行。节假日，特别是春节，工厂企业等单位停止生产后要关闭门窗。堆置在阳台、屋顶、露天的可燃物应移往安全地点或加以遮盖。

宗教活动用火主要有燃灯、点烛、烧香、焚纸等。对这几种用火的防范，一是要严禁靠近可燃物，二是要选择在安全地点和一定的装置上进行，三是要注意及时熄灭火种，有些用火点（如专用香烛亭）应设专人照料。

## 第二节　建筑电气防火管理

电气是由发电设备、输电线路、用电器具组成的供电、用电系统。电的应用非常广泛，如果在供电、用电过程中管理不善，就会造成火灾事故。电气火灾在全部火灾中占有较大的比重，因此，必须高度重视，做好电气消防管理工作。

## 一、常用电气设备防火

### （一）变压器防火

变压器主要由铁芯、线圈、油箱、散热器、绝缘套管、防爆管、油表和吸湿器等部件组成。为了增加绝缘强度，降低运行温度，在变压器内装有绝缘油和其他有机绝缘物质。绝缘油的闪点不低于 135℃。变压器内除了装有绝缘油外，还有绝缘衬垫和支架。火灾危险性较大的是油浸变压器。变压器的防火要求是：

1. 容量较大的变压器应布置在单独的房间内，与配电室或其他房间用耐火实体墙分隔。如向配电室开门，应为防火门。变压器室的通风门应向外开启。

在高层建筑的主体建筑、影剧院、体育馆、商场的观众厅、营业厅和有爆炸危险的场所内不宜设置变压器。其他建筑内放置的变压器室宜设在一楼。在变压器下面应设贮油槽，其容积应能容纳该变压器的总油量。槽内应铺垫 25～30cm 厚的卵石，当油火流入槽内渗入卵石可将火熄灭。

2. 变压器在安装运行前，应进行绝缘强度的测试，定期对变压器油进行取样化验，发现问题，及时采取有效措施加以解决。

3. 变压器要保持清洁。经常清除变压器和油箱上及其附近的油垢和灰尘。

4. 在环境温度较高时，要加强变压器室的通风，如变压器温度过高，必要时应采取强制冷却。

5. 经常进行巡回检查，发现接触不良、负载过大、接地不良或油料变质等，应及时维修和更换。

### （二）电动机防火

电动机的火灾危险性表现在：（1）过载。电动机发生过载，必然引起绕组过热，甚至烧毁电动机，或引燃附近的可燃物而发生火灾。（2）绝缘损坏，发生绕组短路。（3）接触不良。（4）单相运行。（5）摩擦生热。电动机的防火要求是：

1. 电动机功率要与被拖机械的功率相匹配。

2. 为了防止电动机发生短路、过载、失压、高温等不安全因素，应采用相应的安全装置，对电动机进行保护。

3. 电动机及其启动设备附近，不准放可燃物。经常清除电动机和电动机轴承上的杂物，以防电动机过热或因摩擦升温，引起可燃物着火。

4. 加强对电动机的管理监视。电动机的运行状况，可从线电流的大小、温度的高低、声音的差异等特征察觉出来。因此，管理人员必须加强对电动机的监视，发现异常现象，应及时查明原因并排除不安全因素。

（三）输电线路、开关

输电线路简称电线。电线在运行过程中，由于短路、过载、接触电阻过大等原因，产生过热或电火花、电弧，可引起火灾。开关分自动开关和手动开关两大类，品种很多。开关在开关过程中都会产生电弧或电火花，配有保险丝的开关，如果保险丝选择使用不当，或用铜、铁丝代替，不但起不到对线路、设备的安全保护作用，反而会导致事故。输电线路、开关的防火要求是：

1. 使用的电线、开关应符合所用的电压、电流和场所的要求，保证安全运行。

2. 电线敷设要整齐，不准乱拉乱接电线。

3. 电线穿过墙壁、楼板，靠近金属物件，或两线交叉时，应装有绝缘瓷管。禁止把电线嵌在结构或设备之间。

4. 电线连接和分支的地方，都必须和电线本身一样地加上可靠的绝缘体。电线相互跨越时，彼此应不接触。

5. 电线接头要牢固可靠，负有电荷载的电线不准扭结、捆结和打结扣。

6. 严禁用金属线牵拉电线，或将电线缠挂在金属物上。

7. 经常移动的电线，应穿软管保护，在高温场所应采用耐热的石棉绝缘线。

8. 不准在电线上晾晒衣物。

9. 不准用铜、铁丝代替保险丝。

10. 开关应装在不燃材料的基座上。闸刀开关应用不燃材料箱保护，防止电火花溅出，避免绒尘落在闸刀开关上与电火花接触而起火。

（四）电气照明灯具防火

一般最常用的照明灯具有：白炽灯、荧光灯、高压汞灯、卤钨灯等。这些灯具有不同程度的火灾危险性。照明灯具的防火要求是：

1. 照明灯具应安装在不燃或难燃基座上。

2. 灯泡与可燃物要有一定的安全间距。白炽灯、高压汞灯与可燃物之间的距离不小于 0.5m，卤钨灯距可燃物必须大于 0.8m。

3. 灯泡距地面高度一般不低于 2m，否则应加防护设施；在可能遇到碰撞的场所，灯泡应有金属网罩保护。

4. 室外的照明灯具应装防护罩，防止水滴溅射到高温的灯泡表面而爆裂。已破碎了的灯泡，应及时更换或将灯泡的金属头旋出。

5. 靠近卤钨灯管处的电线应用玻璃丝、石棉、瓷管等耐热绝缘套管保护，以防灯管的高温将绝缘层烤坏，引起短路。

6. 严禁用纸、布或其他可燃材料做灯罩。

7. 镇流器必须与灯管相匹配，并把它安装在通风散热良好之处，不要直接固定在可燃物件上，应用隔热的不燃材料隔离。

8. 照明灯具如果装在可燃结构部位或嵌装在木制吊顶内时，应在灯具周围做好防火隔热处理。

（五）电热器具防火

电热器具是将电能转换成热能的一种用电设备，如电炉、电烘箱、电熨斗、电烙铁等。

1. 电炉防火

(1) 大型固定式电炉的火灾原因，往往是由于加热时间过长，温度过高，绝热材料损坏，电线过载等。因此，大型固定式电炉要安装温控和报警装置。对其绝缘材料、电线和温控、报警装置要经常检查，发现问题及时修理或更换。

（2）小型移动式电炉有开启式、半封闭式和封闭式三种，尤其是开启式电炉，其电热丝暴露在外面，使用时能见明火，有较大的火灾危险性。由于小型电炉移动性比较大，有时放在木桌下使用，靠近可燃物又无隔热衬垫措施，易烤着可燃物；或因使用时突然停电，使用者没有拔掉插头就离开了，来电后往往引起火灾。因此，在允许使用小型电炉的场所，应有固定的放置地点，并有砖或石棉板等隔热材料衬垫。电炉应有专用插座或单独线路供电，不应与其他用电器具共用一个插座。使用时突然停电，应立即拔下插头，以防发生事故。

2. 电烘箱防火

使用电烘箱不当，不仅设备本身容易发生事故，而且被烘的可燃物质时间太长、温度过高也会引起燃烧。

（1）电烘箱的用电量较大，应防止电线过载，宜采用单独的线路供电，并安装合适的开关和电熔器。电线与热元件的接线点应紧固。烘箱的引出线应用耐高温的绝缘材料保护，外壁与加热元件之间用绝热填料隔离，周围不应放有可燃物。烘箱内的固定支架，应用非燃材料制作。

（2）隧道式烘箱的传动装置与加热的供电线路必须连锁。一旦传动装置出故障，即能自动切断电源，停止加热，以防工件在烘箱内停留时间过长而引起着火。

（3）认真做好烘箱包括传动装置、排风道、支架等内外清洁工作，以防从工件上落下的易燃物（如油漆）、可燃碎屑和累积的绒尘过多，遇高温或明火发生燃烧。

（4）烘箱应装有温控、报警装置和良好的接地装置。

（5）烘箱应有专人管理，根据烘燥物件的性质，严格控制温度和时间。在停电或工作结束时，都必须切断电源。

3. 电熨斗、电烙铁防火

电烙铁主要用于电器或无线电线路的接点焊接，也用于铜、铁零件的锡焊，以及塑料烫合等。电烙铁通电后，能产生很高的温度，遇有可燃物会引发火灾。因此，必须加强对电熨斗、电烙铁的使用管理。

（1）通电后的电熨斗、电烙铁在间歇性停用时应放置在非燃烧材料的隔热基座或支架上，不能直接放在可燃材料上。

（2）使用电熨斗或电烙铁较多的车间，其供电线路应单独设置，便于下班时集中切断电源，并将电熨斗、电烙铁放在用不燃材料制作的工具柜内集中管理。

（3）电熨斗、电烙铁在使用时如遇停电应立即拔掉插销或关掉电源开关。

（六）电焊防火

电弧焊接是把焊条作为电路的一个电极，焊件为另一电极，利用接触电阻的原理产生高温，并在两电极间形成电弧，将金属熔化进行焊接，通常称电焊。焊接使用的主要设备是电焊机。电焊时，电弧温度可达3000～6000℃，并有大量火花喷出，极易引起可燃物着火。电焊设备和电焊的防火措施是：

（1）电焊设备应保持良好状态。电焊机和电源线的绝缘要可靠，焊接导线应采用紫铜芯线，并要有足够的截面，以保证在使用过程中不因过载而损坏绝缘。导线有残破时，应及时更换或处理。

（2）电焊导线与电焊机、焊钳连接应用螺栓或螺母，应拧紧，并避开可燃和易燃易爆物。电弧焊接操作时，经常接触电气设备，所以电焊工应了解和掌握与本工程有关的电气设备的构造、原理，熟练掌握其基本操作、维护及安全用电知识。

（3）应制定各种安全用电的规章制度，严格执行安全操作规程和交接班制度，建立岗位责任制。

（4）电弧焊接应在专门的建筑物内进行。严禁利用厂房的金属构件、管道、轨道或其他金属物作导线使用。

## 二、爆炸危险场所电气防火

在生产、使用、贮存易燃易爆物品且有爆炸危险性的场所，必须采用防爆电气设备（包括电动机、电线、开关、灯具等），以防止电火花、电弧和高温引起爆炸燃烧。

（一）防爆电气设备的类型

1. 防爆安全型：在能产生火花、电弧或高温的部件上，采取适当措施，如增强绕组绝缘性能、降低温升、提高导体连接的可靠性等，使其在有爆炸危险的环境中具有较高的防爆性能。

2. 防爆充油型：将可能产生火花、电弧或高温的零部件浸没在绝缘油中，达到灭弧和冷却而起防爆作用。这种类型因倾斜、晃动或油量不足时，会使产生火花的部件露出油面而丧失防爆能力，故不能用于移动式设备上。

3. 隔爆型：将有关零部件安装在密封的坚固壳体内，使设备内部发生的爆炸局限在极小空间，产生的火花也不致引爆设备外的爆炸性混合物。在防爆电气设备中，隔爆型是防爆性能最好的。

4. 防爆通风、充气型：向设备的壳体内通入正压的新鲜空气或充入惰性气体，以阻止外部爆炸性混合物进入。通风型大多用于大型电气设备上，充气型宜用于小型电气设备或仪表上。

5. 防爆安全火花型：使电路系统及设备在正常或故障状态下，所产生的电火花和温度都不会引起爆炸混合物爆炸的电气设备。适用于测量仪表或通信装置中。

6. 防爆特殊性：将可能引爆爆炸性混合物的部位设置在特殊的隔爆室内，或在设备壳体内填充石英砂等。

要根据场所的火灾危险程度和设备的具体情况，选用合适类型的防爆电气设备。

（二）对爆炸危险场所防爆电气设备的要求

爆炸危险场所不仅是指生产、使用、贮存易燃易爆物质的建筑物内，而且包括在此类建筑物外一定范围内的环境。对爆炸危险场所防爆电气设备的基本要求是：

1. 变压器。应选用隔爆型或防爆通风型。有粉尘、纤维的场所可采用任何一种防爆型，危险性较小的地方可以采用防尘型的变压器。

2. 电机。应选用隔爆型或防爆通风型，有粉尘、纤维的场所可采用任何一种防爆型，危险性较小的地方可以采用封闭式的电机。

3. 照明灯具（包括固定式、移动式、手电筒等）应选用隔爆型，有粉尘、纤维的场所可采用任何一种防爆型，危险性较小的地方可以采用防尘型照明灯具。

4. 电器和仪表。可选用隔爆型，或防爆充油型、防爆通风或充气型、防爆安全火花型。有粉尘、纤维的场所可采用任何一种防爆型，危险性较小的地方可采用密封型、防水型或防尘型的电器和仪表。

5. 配电装置。应选用隔爆型或防爆通风型。有粉尘、纤维的场所可采用任何一种防爆型，危险性较小的地方可采用密封型或防尘型配电装置。

6. 通信电器。应选用隔爆型，或防爆充油型、防爆安全火花型。有粉尘、纤维的场所可采用任何一种防爆型，危险性较小的地方可采用密封、防尘型通信电器。

7. 电线敷设。有爆炸危险场所的绝缘电线应采用护线金属管穿管敷设，电缆应采用电缆沟暗敷。有粉尘、纤维或粉尘多的地方如闷顶内的绝缘电线，应采用钢管或硬塑料管穿管敷设。电线弯折处的管口上应用绝缘材料衬垫，防止管口与电线摩擦损坏绝缘层，造成短路起火。

## 三、静电防火

### （一）静电的产生及其火灾危险性

当两种不同性质的物体相互摩擦和接触时，由于它们对电子的吸力各不相同，发生电子转移，使一物体失去一部分电子而带正电荷，另一物体获得一部分电子而带负电荷。如果该物体对大地绝缘，则电荷停留在物体内部或表面呈相对静止状态，这种电荷称为静电。

静电的产生与物质的导电性能关系很大。物质的导电性能可用电阻率来表示。电阻率越小，导电性能越好。试验表明，电阻

率为 $10^{12}\Omega\cdot cm$ 的物质最易产生静电，而大于 $10^{16}$ 或小于 $10^{10}\Omega\cdot cm$ 的物质不易产生静电。若物质的电阻率小于 $10^{6}\Omega\cdot cm$，因其本身具有较好的导电性能，静电将很快散失。因外部条件引起静电产生的情况有：

1. 摩擦生电

当两种不同的物体摩擦或在紧密接触迅速分离时，由于相互作用，使电子从一物体转移到另一物体因而产生静电。

2. 附着带电

某种极性离子或自由电子附着在与大地绝缘的物体上，能使该物体呈带静电的现象。

3. 感应起电

带电的物体使附近与其并不相接触的另一导体表面的不同部分带上与其极性相反的电荷。

4. 极化起电

某些物质，在静电场内，其内部或表面的分子能产生极化而呈现带静电的现象。如在绝缘容器内盛装带有静电的物体时，容器的外壁也具有带电性，就是极化起电。

当某物质是绝缘体，产生的静电散泄不掉，电荷越积越多，形成很高的电位，若与不带电或静电电位很低的物体互相接近，电位差达到 300V 以上时，就会发生放电现象，同时产生电火花。静电放电的火花能量，若达到或大于周围可燃物的最小点火能量时，则立即引起爆炸或燃烧。静电放电的电火花足以引起许多可燃气体、可燃蒸气和可燃粉尘与空气形成的爆炸性混合物发生爆炸或燃烧。

（二）静电防火措施

1. 控制摩擦

（1）防止传动带打滑摩擦，应尽可能采用导电胶带或导电三角胶带。

（2）输送易燃易爆物体的设备，应采用轴传动，不采用传动带。如用传动带，则应采取有效的防静电措施。

(3) 限制易燃和可燃液体管道输送的流速，减少静电产生量。

2. 接地导电

接地是导除静电的有效安全措施。凡能产生静电的金属容器、输送机械、管道和工艺设备都必须安装接地装置。

3. 降低电阻率

当物质的电阻率小于 $10^6\Omega\cdot cm$ 时，能防止静电荷的积聚。为了降低电阻率，在物质中可以添加导电填料，降低其电阻率。如在橡胶的制作过程中，掺入一定数量的石墨粉，能降低橡胶的电阻率，并成为导电橡胶。在化纤、橡胶、塑料等物体的表面涂抹含有季铵盐的防静电油剂，能吸附空气中的水分，增加电导率。增加环境空气湿度也能起防静电的作用。

**四、雷电防火**

(一) 雷电的火灾危险性

雷电是一种在大气中放电的现象。雷电一般分为片状、线状和球状三种形式。片状雷电是在云间发生。线状雷电就是常见的闪电落雷现象。球状雷电通常是沿着地面流动或在空气中飘行，还会通过缝隙进入室内。雷击能毁物伤人，甚至引起爆炸或燃烧。

雷电的火灾危险性主要表现在雷电放电时所出现的以下几种物理效应和作用：

1. 电效应

在雷电放电时，能产生高达数万伏甚至数十万伏的冲击电压，足以烧毁电气设备，击穿绝缘而发生短路，导致可燃物着火。

2. 热效应

当几十至上千安的强大雷电流通过导体时，在极短的时间内转换成大量热能。雷击点的发热能量为500～2000J，其温度极高，故在雷电通道中产生的高温，往往会造成火灾。

3. 机械效应

由于雷电的热效应，还使雷电通道中木材纤维缝隙和其他结构中间的空气剧烈膨胀，同时将水分及某些物质分解为气体，因而在被雷击物体内部出现强大的机械能，致遭严重破坏甚至产生爆炸。

4. 静电感应

当金属物处于雷云和大地电场之中时，会感应产生大量的电荷。雷云放电后，云与大地之间的电场虽然消失，但金属物上所感应积聚的电荷却来不及立即逸散，因而产生很高的对地电压（又称静电感应电压），往往高达几万伏，可以穿越数十厘米的空气间隙，产生放电火花。

5. 电磁感应

雷电放电具有很高的电压和很大的电流，同时又是在一瞬间发生的。因此，在它周围的空间里，将产生强大的交变电磁场，不仅会使处在这一电磁场中的导体感应出较大的电动势，并且还会在构成闭合回路的金属物中产生感应电流，在回路上接触电阻较大处局部发热，绝缘较差处发生放电火花。

6. 雷电侵入

雷击在架空线路、金属管道上会产生冲击电压，使雷电波沿线路或管道迅速传播。若侵入建筑物内，可击穿电气线路和配电装置的绝缘层而产生短路，或使易燃易爆物品燃烧爆炸。

7. 防雷装置上的高电压对建筑物的反击作用

当防雷装置接受雷击很高的电压时，如果防雷装置与建筑物内外的电气设备、线路、其他金属管道的间距很近，它们之间就会产生放电，这种现象称为反击。反击会引起电气设备绝缘破坏，金属管道烧穿，甚至造成易燃易爆物品燃烧爆炸。

（二）防雷装置防火

为了防止雷击而发生事故，凡生产、使用、贮存易燃易爆物品的场所，重要的工厂、仓库、露天堆场、油罐、高层建筑、公共建筑等，应按有关防雷设计规范的要求，安装防雷装置，并要加强对防雷装置的使用管理，以保证它的有效性。

防雷装置由接闪器、引下线和接地极三个部分组成。接闪器，应采用截面积大于 100mm$^2$ 的尖铜棒或镀锌钢棒，也可用直径为 20～25mm 的尖头钢管。引下线，可采用截面积大于 25mm$^2$ 的镀锌铁线或大于 16mm$^2$ 的铜绞线，也可采用直径 8mm 的圆钢或截面积为 4mm×12mm 的扁钢。接地装置，可采用直径为 50～60mm 的镀锌铁管，或厚度不小于 9mm、宽度不小于 20mm 的铁板，也可用截面积为 4mm×25mm、长度为 2.5m 的扁钢，埋入地下的深度在 0.8m 以上，接地电阻不大于 10Ω。避雷针支架可用粗钢管或三角钢架制成。

防雷装置的工作原理是把雷电引向本身，承受雷击时把雷电流导入大地，从而使保护对象免遭雷击的破坏。因此，避雷装置的设计和安装必须正确。否则，不但起不到防雷作用，反而更容易招致雷击。对防雷装置的防火要求是：

1. 重要建、构筑物和易燃、易爆场所的防雷装置，应在每年雷雨季节以前进行检查。一般建、构筑物和场所，可每隔 2 年检查一次。如遇有特殊情况，应及时进行检查。

2. 防雷装置检查的主要内容是：

(1) 有否由于维修建、构筑物或建、构筑物变形，影响了防雷装置的有效性；

(2) 各处明装的导体有无因锈蚀或因机械损伤而折断，如发现断裂或锈蚀在 30%以上时，则须更换；

(3) 接闪器有无因接受雷击而发生熔化或折断，避雷器瓷套有无裂纹、碰伤等，并应定期进行测试；

(4) 引下线在距地面 2m 至地下 0.3m 一段的保护处理有无被损坏；

(5) 引下线有无验收后又装设了交叉或平行的其他电气线路；

(6) 断接卡子有无接触不良情况；

(7) 接地装置周围的土壤有无沉陷现象，有无因挖土或敷设其他管道或种植树木时而挖断接地装置的情况。测量接地装置的接地电阻，如发现接地电阻值有很大变化时，应对接地系统进行全面检查，必要时应补打电极。对检查中发现的隐患，要及时整改，确保避雷装置的有效性。

## 五、电气火灾的一般特点

### （一）季节性特点

电气火灾多发生在夏、冬季。一是因夏季风雨多，当风雨侵袭，架空线路发生断线、短路、倒杆等事故，引起火灾；露天安装的电气设备（如电动机、闸刀开关、电灯等）淋雨进水，使绝缘受损，在运行中发生短路起火；夏季气温较高，对电气设备发热有很大影响，一些电气设备，如变压器、电动机、电容器、导线及接头等在运行中发热温度升高就可能引发火灾。二是因冬季天气寒冷，如架空线受风力影响，发生导线相碰放电起火，大雪、大风造成倒杆、断线等事故；使用电炉或大功率灯泡取暖，使用不当，烤燃可燃物引起火灾；冬季空气干燥，易产生静电而引起火灾。

### （二）时间性特点

许多大火往往发生在节日、假日或夜间。由于有的电气操作人员思想不集中，疏忽大意，在节、假日或下班之前，对电气设备及电源不进行妥善处理，便仓促离去；也有因临时停电便不切断电源，待供电正常后引起失火。节、假日或夜间现场无人值班，如果失火难以及时发现，往往会蔓延扩大成灾。

## 六、电气从业人员的管理

加强电气从业人员的管理是抓好电气防火管理的重要环节。其管理要求是：

### （一）建立电气安全岗位责任制

各单位及其主管部门，应加强电气防火管理，建立电气安全岗位责任制，明确各级电气安全管理负责人。建立、健全电气操作规程，所有从业人员必须学习、掌握这些操作规程。

电焊工及易燃易爆危险场所的电工等从业人员应持证上岗。

加强电工的技术培训，定期举办电工培训班，学习基本知识、安装规程和电气设备的使用与管理，解决安全技术方面的问题，不断提高他们的技术、业务水平和安全管理水平。单位所有的电工必须经过考试取得电工证后方能从事电气工作，严禁无证电工从事电气工作。

要建立严格考核制度并与单位的奖惩制度相结合。电工、电焊工等操作人员，必须参加消防安全培训，持证上岗，并严格遵守消防安全操作规程。

（二）做好电气设备的操作使用、维护保养工作

1. 建立电气防火档案，档案要有专门部门保管。电气防火安全档案要有完整的内容，包括：领导小组、电工小组成员名单，电气图纸，电工分片专责区，电气隐患部位，电气要害部位，爆炸和火灾危险部位等。对重要的电气设备，要分类编码登记立卡。

2. 电工必须有操作证，严禁非电工人员作业，徒工在作业时需有证电工监护。

3. 对电气设备必须定期巡视、检查、保养，高空、高压作业要有两人以上进行，同时要有一定的安全措施。

4. 停送电时，在确认安全后方可操作。停电时先断负荷开关，后断电源开关；送电时先送电源开关，后送负荷开关。

5. 安装时按所需电流、电压选择导线截面和绝缘性能，不准有铜铝电线混接，房屋闷顶内应用金属管配线。

6. 熔断器（保险丝）应根据设备负荷正确选用。

7. 在防爆、防潮、防尘的场所安装电气设备时，必须符合相应安全要求。

8. 能发热起火的电气设备（各种镇流器、变压器等）不准安装在可燃的结构上。

9. 安装和修理电气设备必须遵守有关电业规定和技术规程，不准违章作业。

10. 安装临时电气设备，必须符合临时要求，并经有关部门批准。用后应彻底拆除，如较长时间使用，必须正式安装。

（三）加强值班管理

凡值班人员，不准擅离职守，必须坚守岗位，同时要做好值班记录。接班人员需提前15min到班，当班负责人负责交班，如到交班时间，接班者未到，交班者不得离开工作岗位，可将情况报告上级听候处理。交班时，交班全体人员均应在场，以便于交代清楚，问明情况。交班负责人按值班日志所记项目逐项交代清楚。交接班中发生事故应由交班者处理完毕后再行交班；交接班完毕后，交接班负责人应在值班日志上共同签字。

下班停电时各部门车间、各科室凡是应停电的部位，工作结束后，要切断电源，并由值班人员或部门负责人进行一次检查，切断电源，做到人走灯灭。

## 第三节　重点工种管理

重点工种消防安全管理，是指对从事具有较大火灾危险性和从事容易引发火灾的操作人员的管理。加强对重点工种岗位操作人员的管理，是预防火灾的重要措施。

**一、消防安全重点工种的分类**

消防安全重点工种根据不同岗位的火灾危险性程度和岗位的火险特点，可分为以下三级：

A级工种：引起火灾的危险性极大，在操作中不慎或违反操作规程易引起火灾事故的岗位操作人员。例如：从事可燃气体、液体设备的焊接、切割，超过液体自燃点的熬炼，使用易燃溶剂的机件清洗、油漆喷涂，液化石油气、乙炔气的灌瓶，高温、高压、真空等易燃易爆设备的操作人员等。

B级工种：引起火灾的危险性较大，在操作过程中不慎或违反操作规程容易引起火灾事故的岗位操作人员。例如：从事烘烤、熬炼、热处理，氧气、氨气等乙类危险品仓库保管等岗位的操作人员等。

C级工种：在操作过程中不慎或违反操作规程有可能造成火

灾事故的岗位操作人员。例如电工、木工、丙类仓库保管等岗位的操作人员等。

消防安全重点工种主要特点是：所使用的原料或生产的对象具有很大的火灾危险性，生产岗位火灾危险性大，安全操作要求严格，一旦出现事故，将会造成不堪设想的后果；工作岗位分散，人员少，操作时间、地点灵活性大，如电工、电焊、切割工、木工等都是操作时间、地点不定、灵活性较大的工种。

## 二、重点工种人员的管理

### （一）提高专业素质和消防安全素质

重点工种人员上岗前，要对其进行专业培训，使其全面地熟悉岗位操作规程，系统地掌握消防安全知识，通晓岗位消防安全的“应知应会”内容。

#### 1. 实行持证上岗制度

《消防法》第二十一条规定，“进行电焊、气焊等具有火灾危险作业的人员和自动消防系统的操作人员，必须持证上岗，并遵守消防安全操作规程。”对操作复杂、技术要求高、火灾危险性大的岗位作业人员，单位的生产和技术部门应组织他们实习和进行技术培训，经考试合格后方能上岗。电气焊工、电工、锅炉工、热处理和消防控制室操作人员等工种，要经考试合格取得证书后才能上岗。

#### 2. 建立重点工种人员档案

为加强重点工种队伍的建设，提高重点工种人员的安全作业水平，应建立重点工种人员的个人档案，其内容既应有人事方面的，又应有安全技术方面的。

#### 3. 抓好重点工种人员的日常管理

要定期组织重点工种人员参加技术培训和消防知识学习，并制定切实可行的学习、训练和考核计划，研究和掌握重点工种人员的心理状态和不良行为，教育他们克服上班串岗、闲聊等不良习惯，不断改善重点工种的工作环境和条件。

### (二) 制定和落实岗位防火责任制度

建立重点工种岗位责任制是消防安全管理的一项重要内容。重点工种岗位责任制要同经济责任制相结合，并与奖惩制度挂钩，有奖有惩，以促使重点工种人员自觉地担负起岗位防火安全的责任。

# 第十章　建筑消防设施维护管理

## 第一节　概　述

### 一、建筑消防设施维护管理的含义

建筑消防设施是建筑物、构筑物中设置的用于火灾报警、灭火、人员疏散、防火分隔、灭火救援行动等设施的总称。建筑消防设施的作用概括地讲就是及时发现和扑救火灾，限制火灾蔓延的范围，为有效地扑救火灾和人员疏散创造必要的条件，从而减少火灾造成的财产损失和人员伤亡。

建筑消防设施主要有火灾自动报警系统、自动喷水灭火系统、气体灭火系统、室内外消火栓系统、灭火器、安全疏散设施和消防控制室等。

建筑消防设施维护管理是指对建筑消防设施进行维持保护，维修护理，使其免于遭受破坏的例行管理工作。对建筑消防设施实施维护管理，确保其完好有效，是建筑物产权、管理和使用单位的法定职责。

### 二、建筑消防设施检查的方式

建筑消防设施检查是建筑消防设施维护管理最直接、最具体、最基础的工作。通过检查可以发现问题，进而解决问题，排除故障，保证设施始终处于良好状态。建筑消防设施检查分为巡查、单项检查、联动检查三种方式。这三种检查方式，所检查的建筑消防设施部位、内容和要求不同，检查时间间隔不同。

巡查，是对建筑消防设施直观属性的检查。

单项检查，是依照相关标准，对各类建筑消防设施单项功能进行技术测试性的检查。

联动检查，是依照相关标准，对整体建筑各类消防设施进行联动功能测试和综合技术评价性的检查。

## 三、建筑消防设施维修管理的要求

建筑消防设施系统在建筑使用的过程中，由于存在自然老化、使用性和耗用性老化、不良环境因素影响、管理不善人为损坏等，会使系统出现故障。若不能及时处理就不能保证建筑消防设施系统处于良好状态，在建筑物发生火灾时，就不能发挥其作用，后果不堪设想。加强建筑消防设施维护保养，是确保建筑消防设施系统长期处于正常运行状态的保证。建筑物的产权单位和日常使用管理单位，以及专门从事建筑消防设施维护管理工作的单位应本着高度负责的态度，认真负责、常备不懈地做好建筑消防设施维护保养工作。

要保证建筑消防设施始终保持良好的工作状态，必须做好消防设施的维修保养工作。主要要求是：

### （一）明确管理人员，落实岗位责任

建筑消防设施的管理应当明确主管部门和相关人员的责任，建立完善的管理制度。建筑消防设施的使用单位应由经过专门培训的人员负责系统的管理操作和维护。建筑消防设施巡查可由归口管理消防设施的部门实施，也可以按照工作、生产、经营的实际情况，将巡查的职责落实到相关工作岗位。从事建筑消防设施单项检查和联动检查的技术人员，应当经消防专业考试合格，持证上岗。

建筑消防设施通常由消防控制室中的控制设备和外围设备组成，许多单位只在消防控制室安排值班人员，负责监管控制室内的设备，而未明确控制室以外的消防设施由哪个部门负责，致使外围消防设施出现故障不能及时被发现和排除，火灾发生时，不能发挥其应有的作用。因此，仅仅明确消防控制室工作人员的职责是不够的，还应进一步明确整个消防设施全系统的岗位责任，建立健全消防设施检查、检测、维修保养岗位责任制，从而保证消防设施始终处于良好的运行状态，在火灾发生时发挥应有的

作用。

（二）建立健全制度，规范维护管理

设有建筑消防设施的建筑，在投入使用后，应建立健全消防设施定期维修保养制度，使消防设施维修保养工作制度化。即使系统未出现明显的故障，也应在规定的期限内对全系统进行定期维修保养。在定期的维修保养过程中，可以发现系统存在的故障和故障隐患，并及时排除，从而保证系统的正常运行。

（三）做好巡查检查，及时发现故障

对建筑消防设施的维护管理应进行巡查、单项检查、联动检查三种方式的检查。建筑消防设施巡查、单项检查、联动检查的技术要求和检查方法应当遵循《建筑消防设施检测技术规程》（GA 503—2004）的有关规定。

单位具备建筑消防设施的单项检查、联动检查的专业技术人员和检测仪器设备，可以按照有关规定自行实施，也可以委托具备消防检测中介服务资格的单位或具备相应消防设施安装资质的单位依照本标准实施。

建筑消防设施单项检查记录和建筑消防设施联动检查记录，应由检测人员和检测单位签字盖章。检测人员和检测单位对出具的《建筑消防设施测试检查记录》和《建筑消防设施联动检查记录》负责。

（四）严格处理程序，做好记录档案

1. 建筑消防设施投入使用后即应保证其处于正常运行或准工作状态，不得擅自断电停运或长期带故障工作。

2. 建立建筑消防设施故障报告和故障消除的登记制度。发生故障，应当及时组织修复。因故障、维修等原因，需要暂时停用系统的，应当经单位消防安全责任人批准，系统停用时间超过24h的，在单位消防安全责任人批准的同时，应当报当地公安消防机构备案，并采取有效措施确保安全。

3. 维护和故障处理的程序：

（1）消防设备、器材应根据使用场所的环境条件和产品的技术性能要求及时进行保养和更换。对易腐蚀生锈的消防设备、管道、阀门应定期清洁、除锈、注润滑剂。

（2）检查发现建筑消防设施存在问题和故障的，实施检查的人员必须向单位消防安全管理人报告，并填写表10-1。

**建筑消防设施故障处理记录** **表10-1**

| 检查时间 | 检查人签名 | 检查发现问题或故障 | 消防安全管理人处理意见 | 停用系统消防安全责任人签名 | 问题或故障处理结果 | 问题或故障排除消防安全管理人签名 |
|---|---|---|---|---|---|---|
| | | | | | | |
| | | | | | | |
| | | | | | | |
| | | | | | | |

（3）对建筑消防设施存在的问题和故障，当场有条件解决的应立即解决；当场没有条件解决的，应在24h内解决；需要由供应商或者厂家解决，不影响系统正常工作的应在10个工作日内解决，影响系统正常工作的应在5个工作日内解决，恢复系统正常工作状态。

（4）故障排除后，应由消防安全管理人签字认可，故障处理记录存档备查。

4. 维护管理档案的内容和保存期限：

（1）内容：建筑消防设施的档案应包含基本情况和动态管理情况。基本情况包括建筑消防设施的验收文件和产品、系统使用说明书、系统调试记录等原始技术资料。动态管理情况包括建筑消防设施的值班记录、巡查记录、单项检查记录、联动检查记录、故障处理记录等。

（2）保存期限：建筑消防设施的原始技术资料应长期保存。《消防控制室值班记录》和《建筑消防设施巡查记录》的存档时间不应少于1年。《建筑消防设施单项检查记录》、《建筑消防设施联动检查记录》、《建筑消防设施故障处理记录》的存档时间不应少于3年。

（五）实行内外结合，确保设施完好

（1）选择经培训合格的人员负责消防设施的日常维修保养工作。由于对消防设施全系统进行维修保养的时间间隔较长，系统有可能在维修保养之后，下一次维修保养之前出现故障，这就需要对系统进行经常性的维修保养。这种日常性的维修保养工作，工作量小，技术性相对较低，可以由建筑使用单位设专人或由消防设施操作员兼职担任。日常性的消防设施维修保养工作，可以随时发现系统存在的故障，对系统正常运行十分重要。每次对系统进行维修保养之后，应做好记录，存入设备运行档案。

（2）选择具有一定资质的消防设施维修保养机构。对建筑消防设施进行全系统的维修保养，工作量比较大，技术性、专业性比较强，一般的建筑使用单位通常不具有足够的人力和技术力量，这项工作应选择经消防部门培训合格的专门从事消防设施维修保养的消防中介机构进行，并在对系统维修保养之后，出具系统合格证明，存档备查。

## 第二节　建筑消防设施巡查

### 一、一般要求

1. 建筑消防设施巡查应明确各类建筑消防设施巡查部位和内容，并填写表10-2。

**建筑消防设施巡查记录　　表10-2**

| 巡查项目 | 巡查内容 | 巡查情况 | | |
|---|---|---|---|---|
| | | 正常 | 故障 | 故障原因及处理情况 |
| 消防供配电设施 | 消防电源工作状态 | | | |
| | 自备发电设备状况 | | | |
| | 消防配电房、发电机房环境 | | | |

续表

| 巡查项目 | 巡查内容 | 巡查情况 | | |
|---|---|---|---|---|
| | | 正常 | 故障 | 故障原因及处理情况 |
| 火灾自动报警系统 | 火灾报警探测器外观 | | | |
| | 区域显示器运行状况，CRT图形显示器运行状况、火灾报警控制器、消防联动控制器外观和运行状况 | | | |
| | 手动报警按钮外观 | | | |
| | 火灾报警装置外观 | | | |
| | 消防控制室工作环境 | | | |
| 消防供水设施 | 消防水池外观 | | | |
| | 消防水箱外观 | | | |
| | 消防水泵及控制柜工作状态 | | | |
| | 稳压泵、增压泵、气压水罐工作状态 | | | |
| | 水泵接合器外观、标识 | | | |
| | 管网控制阀门启闭状态 | | | |
| | 泵房工作环境 | | | |
| 消火栓（消防炮）灭火系统 | 室内消火栓外观 | | | |
| | 室外消火栓外观 | | | |
| | 消防炮外观 | | | |
| | 启泵按钮外观 | | | |
| 自动喷水灭火系统 | 喷头外观 | | | |
| | 报警阀组外观 | | | |
| | 末端试水装置压力值 | | | |
| 泡沫灭火系统 | 泡沫喷头外观 | | | |
| | 泡沫消火栓外观 | | | |
| | 泡沫炮外观 | | | |

续表

| 巡查项目 | 巡 查 内 容 | 巡 查 情 况 | | |
|---|---|---|---|---|
| | | 正常 | 故障 | 故障原因及处理情况 |
| 泡沫灭火系统 | 泡沫产生器外观 | | | |
| | 泡沫液贮罐间环境 | | | |
| | 泡沫液贮罐外观 | | | |
| | 比例混合器外观 | | | |
| | 泡沫泵工作状态 | | | |
| 气体灭火系统 | 气体灭火控制器工作状态 | | | |
| | 储瓶间环境 | | | |
| | 气体瓶组或储罐外观 | | | |
| | 选择阀、驱动装置等组件外观 | | | |
| | 紧急启/停按钮外观 | | | |
| | 放气指示灯及警报器外观 | | | |
| | 喷嘴外观 | | | |
| | 防护区状况 | | | |
| 防烟排烟系统 | 挡烟垂壁外观 | | | |
| | 送风阀外观 | | | |
| | 送风机工作状态 | | | |
| | 排烟阀外观 | | | |
| | 电动排烟窗外观 | | | |
| | 自然排烟窗外观 | | | |
| | 排烟机工作状态 | | | |
| | 送风、排烟机房环境 | | | |
| 应急照明和疏散指示标志 | 应急灯外观 | | | |
| | 应急灯工作状态 | | | |
| | 疏散指示标志外观 | | | |
| | 疏散指示标志工作状态 | | | |

续表

| 巡查项目 | 巡 查 内 容 | 巡 查 情 况 | | |
|---|---|---|---|---|
| | | 正常 | 故障 | 故障原因及处理情况 |
| 应急广播系统 | 扬声器外观 | | | |
| | 扩音机工作状态 | | | |
| 消防专用电话 | 分机电话外观 | | | |
| | 插孔电话外观 | | | |
| 防火分隔设施 | 防火门外观 | | | |
| | 防火门启闭状况 | | | |
| | 防火卷帘外观 | | | |
| | 防火卷帘工作状态 | | | |
| 消防电梯 | 紧急按钮外观 | | | |
| | 轿厢内电话外观 | | | |
| | 消防电梯工作状态 | | | |
| 灭火器 | 灭火器外观 | | | |
| | 设置位置 | | | |
| 巡查人（签名） | 年 月 日 | | | |
| 消防安全管理人（签名） | 年 月 日 | | | |
| 备注 | | | | |

注：1. 情况正常打“√”，存在问题或故障的打“×”；

2. 对发现的问题应及时处理，当场不能处置的要填报《建筑消防设施故障处理记录》；

3. 本表为样表，单位可根据建筑消防设施实际情况和巡查时间段制表。

2. 依照有关规定每日进行防火巡查的单位和设有电子巡更系统的单位，应将建筑消防设施巡查部位纳入其中。其他单位建筑消防设施巡查应当每周至少一次。

3. 建筑消防设施电源开关、管道阀门、均应指示正常运行位置，并标识开、关的状态；对需要保持常开或常闭状态的阀门，应当采取铅封、标识等限位措施。

**二、巡查内容**

1. 消防供配电设施：消防电源工作状态，自备发电设备状况，消防配电房、发电机房环境，消防电源末端切换装置工作状态。

2. 火灾自动报警系统：火灾报警探测器外观，区域显示器运行状态，CRT图形显示器运行状况，火灾报警控制器运行状况，消防联动控制器外观和运行状况，手动报警按钮外观，火灾警报装置外观，消防控制室工作环境。

3. 消防供水设施：消防水池外观，消防水箱外观，消防水泵及控制柜工作状态，稳压泵、增压泵、气压水罐工作状态，水泵结合器外观、标识，管网控制阀门启闭状态，泵房工作环境。

4. 消火栓（消防炮）灭火系统：室内消火栓外观，室外消火栓外观，消防炮外观，启泵按钮外观。

5. 自动喷水灭火系统：喷头外观，报警阀组外观，末端试水装置压力值。

6. 泡沫灭火系统：泡沫喷头外观，泡沫消火栓外观，泡沫炮外观，泡沫产生器外观，泡沫液贮罐间环境，泡沫液贮罐外观，比例混合器外观，泡沫泵工作状态。

7. 气体灭火系统：气体灭火控制器工作状态，储瓶间环境，气体瓶组或储罐外观，选择阀、驱动装置等组件外观，紧急启/停按钮外观，放气指示灯及报警器外观，喷嘴外观，防护区状况。

8. 防烟排烟系统：挡烟垂壁外观，送风阀外观，送风机工作状态，排烟阀外观，电动排烟窗外观，自然排烟窗外观，排烟机工作状态，送风、排烟机房环境。

9. 应急照明和疏散指示标志：应急灯外观，应急灯工作状态，疏散指示标志外观，疏散指示标志工作状态。

10. 应急广播系统：扬声器外观，扩音机工作状态。

11. 消防专用电话：分机电话外观，插孔电话外观。

12. 防火分隔设施：防火门外观，防火门启闭状况，防火卷帘外观，防火卷帘工作状态。

13. 消防电梯：紧急按钮外观，轿厢内电话外观，消防电梯工作状态。

14. 灭火器：灭火器外观，设置位置状况。

15. 其他需要巡查的内容。

## 第三节　建筑消防设施单项检查

### 一、一般要求

建筑消防设施的单项检查应当每月至少一次，并填写表10-3。

**建筑消防设施单项检查记录**　　表 10-3

| 检测项目 | | 检测内容 | 实测记录 |
|---|---|---|---|
| 消防供电配电 | 消防配电 | 试验主、备电源切换功能 | |
| | 自备发电机组 | 试验启动发电机组 | |
| | 储油设施 | 核对储油量 | |
| 火灾报警系统 | 火灾报警探测器 | 试验报警功能 | |
| | 手动报警按钮 | 试验报警功能 | |
| | 警报装置 | 试验报警功能 | |
| | 报警控制器 | 试验报警功能、故障报警功能、火警优先功能、打印机打印功能、火灾显示盘和 CRT 显示器的显示功能 | |
| | 消防联动控制器 | 试验联动控制和显示功能 | |
| 消防供水设施 | 消防水池 | 核对储水量 | |
| | 消防水箱 | 核对储水量 | |
| | 稳（增）压泵及气压水罐 | 试验启泵、停泵时的压力工况 | |
| | 消防水泵 | 试验启泵和主、备泵切换功能 | |
| | 管道阀门 | 试验管道阀口启闭功能 | |

续表

| 检测项目 | | 检测内容 | 实测记录 |
|---|---|---|---|
| 消火栓（消防炮）灭火系统 | 室内消火栓 | 试验屋顶消火栓出水及静压 | |
| | 室外消火栓 | 试验室外消火栓出水及静压 | |
| | 消防炮 | 试验消防炮出水 | |
| | 启泵按钮 | 试验远距离启泵功能 | |
| 自动喷水系统 | 报警阀组 | 试验放水阀放水及压力开关动作信号 | |
| | 末端试水装置 | 试验末端放水及压力开关动作信号 | |
| | 水流指示器 | 核对反馈信号 | |
| 泡沫灭火系统 | 泡沫液储罐 | 核对泡沫液有效期和储存量 | |
| | 泡沫栓 | 试验泡沫栓出水或出泡沫 | |
| 气体灭火系统 | 瓶组与储罐 | 核对灭火剂储存量 | |
| | 气体灭火控制设备 | 模拟自动启动，试验切断空调等相关联动 | |
| 机械加压送风系统 | 风机 | 试验联动启动风机 | |
| | 送风口 | 核对送风口风速 | |
| 机械排烟系统 | 风机 | 试验联动启动风机 | |
| | 排烟阀、电动排烟窗 | 试验联动启动排烟阀、电动排烟窗；核对排烟口风速 | |
| 应急照明 | | 试验切断正常供电，测量照度 | |
| 疏散指示标志 | | 试验切断正常供电，测量照度 | |
| 应急广播系统 | 扩音器 | 试验联动启动和强制切换功能 | |
| | 扬声器 | 测试音量、音质 | |

续表

| 检测项目 | | 检测内容 | 实测记录 |
|---|---|---|---|
| 消防专用电话 | | 试验通话质量 | |
| 防火分隔 | 防火门 | 试验启闭功能 | |
| | 防火卷帘 | 试验手动、机械应急和自动控制功能 | |
| | 电动防火阀 | 试验联动关闭功能 | |
| 消防电梯 | | 试验按钮迫降和联动控制功能 | |
| 灭火器 | | 核对选型、压力和有效期 | |
| 其他设施 | | | |
| 测试人（签名）： 年 月 日 | | 测试单位（盖章）： 年 月 日 | |
| 消防安全责任人或消防安全管理人（签名）： 年 月 日 | | | |

注：1. 情况正常在“实测记录”栏中标注“正常”；

2. 发现的问题或存在故障应在“实测记录”栏中填写，并及时处置；当场不能处置的要填报《建筑消防设施故障处理记录》；

3. 本表为样表，单位可根据消防设施实际情况制表。

## 二、单项检查内容

1. 消防供配电设施：消防用电设备电源末级配电箱处主、备电切换功能，发电机自动、手动启动试验，发电机燃料检查。

2. 火灾自动报警系统：警报装置的警报功能，火灾报警探测器、手动报警按钮、火灾报警控制器、CRT图形显示器、火灾显示盘的报警显示功能，消防联动控制设备的联动控制和显示。其中火灾报警探测器和手动报警按钮的报警功能的检查数量不少于总数的25％。

3. 消防供水设施：消防水池、水箱水量，增压设施压力工况，消防水泵及水泵控制柜的启泵和主备泵切换功能，管道阀门启闭功能。

4. 消火栓（消防炮）灭火系统：室内外消火栓消防水炮出水及压力，消火栓启泵按钮，系统功能。检查数量不少于总数量的25%。

5. 自动喷水灭火系统：报警阀组放水，末端试水装置放水。其中末端试水装置放水检查数量不少于总数量的25%。

6. 泡沫灭火系统：泡沫液有效期和储存量，泡沫消火栓出水或出泡沫。

7. 气体灭火系统：灭火剂储存量，模拟自动启动系统功能。

8. 防烟和排烟设施：机械加压送风机以及系统功能，送风机控制柜；机械排烟风机、排烟阀以及系统功能，排烟风机控制柜；电动排烟窗启、闭。

9. 应急照明、疏散指示标志：电源切换和充电功能，标识正确性。

10. 消防电话和应急广播：通话、广播质量，应急情况下强制切换功能。

11. 防火分隔设施：防火门启闭功能，防火卷帘自动启动和现场手动功能，电动防火门联动功能，电动防火阀的启、闭功能。

12. 消防电梯：首层按钮控制和联动电梯回首层，电梯轿厢内消防电话，电梯井排水设备。

13. 灭火器：检查灭火器型号、压力值和维修期限。检查数量不少于总数量的25%。

14. 其他需要测试检查的内容。

## 第四节　建筑消防设施联动检查

### 一、一般规定

1. 建筑消防设施的联动检查应当每年至少一次，主要对建筑消防设施系统的联动控制功能进行综合检查、评定，并填写表10-4。

**建筑消防设施联动检查记录**　　　　表 10-4

<table>
<tr><td>建筑名称</td><td colspan="3"></td><td>地址</td><td colspan="3"></td></tr>
<tr><td>使用性质</td><td></td><td>层数</td><td></td><td>高度</td><td></td><td>面积</td><td></td></tr>
<tr><td>使用管理单位名称</td><td colspan="7"></td></tr>
<tr><td colspan="8">建筑消防设施检查情况</td></tr>
<tr><td>项目</td><td colspan="3">检查结果</td><td colspan="4">存在问题或故障处理情况</td></tr>
<tr><td>消防供配电</td><td colspan="3"></td><td colspan="4"></td></tr>
<tr><td>火灾报警系统</td><td colspan="3"></td><td colspan="4"></td></tr>
<tr><td>消防供水</td><td colspan="3"></td><td colspan="4"></td></tr>
<tr><td>消火栓消防炮</td><td colspan="3"></td><td colspan="4"></td></tr>
<tr><td>自动喷水灭火系统</td><td colspan="3"></td><td colspan="4"></td></tr>
<tr><td>泡沫灭火系统</td><td colspan="3"></td><td colspan="4"></td></tr>
<tr><td>气体灭火系统</td><td colspan="3"></td><td colspan="4"></td></tr>
<tr><td>防排烟系统</td><td colspan="3"></td><td colspan="4"></td></tr>
<tr><td>疏散指示标志</td><td colspan="3"></td><td colspan="4"></td></tr>
<tr><td>应急照明</td><td colspan="3"></td><td colspan="4"></td></tr>
<tr><td>应急广播系统</td><td colspan="3"></td><td colspan="4"></td></tr>
<tr><td>消防专用电话</td><td colspan="3"></td><td colspan="4"></td></tr>
<tr><td>防火分隔</td><td colspan="3"></td><td colspan="4"></td></tr>
<tr><td>消防电梯</td><td colspan="3"></td><td colspan="4"></td></tr>
<tr><td>灭火器</td><td colspan="3"></td><td colspan="4"></td></tr>
<tr><td>其他设施</td><td colspan="3"></td><td colspan="4"></td></tr>
<tr><td colspan="8">检查说明：</td></tr>
<tr><td colspan="4">检查人（签名）：　　　年　月　日</td><td colspan="4">检查单位（盖章）：　年　月　日</td></tr>
<tr><td colspan="8">消防安全责任人或消防安全管理人（签名）：　　　年　月　日</td></tr>
</table>

注：1. 情况正常在“检查结果”栏中标注“正常”；

2. 发现的问题或存在故障应在“存在问题或故障处理情况”栏中填写，并及时处置；当场不能处置的要填报《建筑消防设施故障处理记录》；其他需要说明的情况在“检查说明”栏填写；

3. 本表为样表，单位可根据消防设施实际情况制表。

2. 设有自动消防系统的宾馆、饭店、商场、市场、公共娱乐场所等人员密集场所、易燃易爆单位以及其他一类高层公共建筑等消防安全重点单位的年度联动检查记录应在每年的12月30日之前，报当地公安消防机构备案。

**二、联动检查内容**

1. 消防供电设施供电功能和主备电源切换功能检查，检验供电能力。

2. 火灾自动报警装置每层、每回路报警系统和联动控制设备的功能试验。每12个月对每只探测器、手动报警按钮检查不少于一次。

3. 自动喷水灭火系统在末端放水，进行系统功能联动试验，水流指示器报警，压力开关、水力警铃动作。对消防设施上的仪器仪表进行校验；每12个月对每个末端放水阀检查不少于一次。

4. 消防给水系统最不利点消火栓（消防炮）出水，分别用消防水箱和消防水泵供水。每12个月累计对每个消火栓、卷盘、水炮检查不少于一次。

5. 泡沫灭火系统结合泡沫灭火剂到期更换进行喷泡沫试验；检验系统功能；校验仪器仪表。

6. 通过报警联动，检验系统功能，进行模拟喷气试验；校验仪器仪表，存储容器称重。

7. 通过报警联动，检查电梯迫降功能；通过报警联动，检查防火卷帘门及电动防火门的功能；通过报警联动，检查消防广播切换功能；通过报警联动，检查应急照明、疏散指示标志功能；通过报警联动，检查正压送风或者机械排烟系统功能，并测试风速、风压值。

8. 对每只灭火器选型、压力和有效期检查每12个月不少于一次。

## 第五节 消防控制室管理

**一、消防控制室**

根据我国有关规范规定，设有自动报警系统、自动灭火系统、机械防排烟设施的建筑物应设置消防控制室。消防控制室是指设有火灾报警控制设备和消防设备控制装置，专门用于接收、显示、处理火灾报警信号，控制有关消防设施的房间。消防控制室是建筑消防安全防卫系统的心脏，是火灾报警、灭火指挥控制和接收、传播信息的中心。

消防控制室的设置范围、位置、建筑耐火性能、设备的组成、设备功能、设备布置、联动控制、日常管理要求等，在《高层民用建筑设计防火规范》（GB 50045—1995）、《建筑设计防火规范》（GB 50016—2006）、《火灾自动报警系统设计规范》（GB 50116—1998）等国家标准中都作了具体规定。

消防控制设备主要由火灾报警控制器、自动灭火系统的控制装置，防烟、排烟系统及空调通风系统的控制装置，常开防火门、防火卷帘的控制装置，电梯回降首层控制装置，火灾应急广播，火灾警报装置，消防通信设备，火灾应急照明与疏散指示标志等控制装置组成。

消防控制设备的控制方式是根据建筑的型式、工程规模、管理体制及功能要求综合确定的。其中：单体建筑一般采用集中控制方式，即在消防控制室集中接收、显示报警信号，控制有关消防设备、设施，并接收、显示其反馈信号；大型建筑群一般采用分散与集中相结合控制方式，即可以集中控制的由消防控制室控制，不宜集中控制的则采取分散控制方式，但其操作信号反馈到消防控制室。

**二、消防控制室维护管理要求**

消防设施经当地消防机构验收合格投入使用后，主要是管理和维护。管理和维护的具体要求是：

1. 消防控制室应配备专门的操作维护人员。消防控制室应按其功能、规模，配备适量的操作维护人员，并实行每日 24h 值班制度，确保及时发现并准确处置火灾和故障报警。

2. 消防控制室应制定消防控制室日常管理制度、值班员职责、接处警操作规程等工作制度。

3. 控制室操作人员值班时，必须坚守岗位，面对控制监视器、扫描器和控制盘，密切注视各设备的动态，保证消防系统全时制、全方位、全功能地安全运行及其设备处于良好工作状态。认真记录控制器日运行情况，每日检查火灾报警控制器的自检、消音、复位功能以及主备电源切换功能，并填写表 10-5 的有关内容。

**消防控制室值班记录　　　　表 10-5**

<table>
<tr><td rowspan="8">火灾报警控制器日运行情况记录</td><td rowspan="3">时间</td><td colspan="2">火灾报警控制器运行情况</td><td colspan="4">报警性质</td><td colspan="3">消防联动控制器运行情况</td><td>报警故障部位、原因及处理情况</td><td>值班人签名</td><td>值班人签名</td><td>值班人签名</td></tr>
<tr><td rowspan="2">正常</td><td rowspan="2">故障</td><td rowspan="2">火警</td><td rowspan="2">误报</td><td rowspan="2">故障报警</td><td rowspan="2">漏报</td><td colspan="2">正常</td><td rowspan="2">故障</td><td rowspan="2"></td><td rowspan="2">时/时</td><td rowspan="2">时/时</td><td rowspan="2">时/时</td></tr>
<tr><td>自动</td><td>手动</td></tr>
<tr><td></td><td></td><td></td><td></td><td></td><td></td><td></td><td></td><td></td><td></td><td></td><td></td><td></td><td></td></tr>
<tr><td></td><td></td><td></td><td></td><td></td><td></td><td></td><td></td><td></td><td></td><td></td><td></td><td></td><td></td></tr>
<tr><td></td><td></td><td></td><td></td><td></td><td></td><td></td><td></td><td></td><td></td><td></td><td></td><td></td><td></td></tr>
<tr><td></td><td></td><td></td><td></td><td></td><td></td><td></td><td></td><td></td><td></td><td></td><td></td><td></td><td></td></tr>
<tr><td></td><td></td><td></td><td></td><td></td><td></td><td></td><td></td><td></td><td></td><td></td><td></td><td></td><td></td></tr>
</table>

<table>
<tr><td rowspan="3">火灾报警控制器日检查情况记录</td><td>火灾报警控制器型号</td><td>自检</td><td>消音</td><td>复位</td><td>主电源</td><td>备用电源</td><td>检查人</td><td>故障及处理情况</td></tr>
<tr><td></td><td></td><td></td><td></td><td></td><td></td><td></td><td></td></tr>
<tr><td></td><td></td><td></td><td></td><td></td><td></td><td></td><td></td></tr>
</table>

消防安全管理人（签字）：________

注：1. 情况正常打“√”，存在问题或故障的打“×”；

2. 对发现的问题应及时处理，当场不能处置的要填报《建筑消防设施故障处理记录》；

3. 本表为样表，单位可根据控制器数量及值班时段制表。

4. 消防控制室值班人员应当经消防专业考试合格，持证上岗。系统的操作维护人员在上岗前应经过专门培训，熟练掌握本系统的工作原理和操作规程、常见故障排除方法，并经考试合格，持证上岗。操作维护人员上岗后，都应定期进行复训，并保持相对稳定，以利于工作的连续性和熟练性。

5. 正常工作状态下，报警联动控制设备应处于自动控制状态。严禁将自动喷水灭火系统和联动控制的防火卷帘等防火分隔设施设置在手动控制状态。其他联动控制设备需要设置在手动状态时，应有火灾时能迅速将手动控制转换为自动控制的可靠措施。

6. 消防控制室操作维护人员应对本建筑物内的各种消防设备进行监视和应用，做好日常的技术管理。对建筑物消防设施定期检查、测试、保养，通知、协助有关工程技术人员做好检查、保养工作。设备发生故障后，应及时进行维修或通知有关部门进行维修，并协助有关维修人员工作，保证控制室的控制设备安全运行。设备停用检修期间要加强值班巡视。

7. 做好各种情况记录，及时提供有关信息，给单位领导当好参谋，协助有关领导做好防火、灭火工作。

8. 消防控制室报警处理程序是：

（1）接到报警信号后，应立即携带对讲机、插孔电话等通信工具，迅速到达报警点确认。

（2）如未发生火情，应查明报警原因，采取相应措施，并认真做好记录。

（3）如确有火灾发生，应立即向消防控制室反馈信息，利用就近灭火器材进行扑救。

（4）消防控制室值班人员根据火灾情况启动有关消防设备，通知有关人员到场灭火，报告单位值班领导，并应拨打“119”电话向消防队报警。

（5）情况处理完毕后，恢复各种消防设备正常运行状态。

# 第六节　火灾自动报警系统维护管理

## 一、使用前准备

1. 火灾自动报警系统正式启用时，应具有下列文件资料：

（1）系统竣工图及设备的技术资料；

（2）公安消防机构出具的有关法律文书；

（3）系统的操作规程及维护保养管理制度；

（4）系统操作员名册及相应的工作职责；

（5）值班记录和使用图表。

2. 使用单位应建立系统的技术档案，将所有的有关文件资料整理存档，这样有利于系统的使用、维护、修理。一般存档的资料有：

（1）有关消防设备的施工图纸和技术资料；

（2）变更设计部分的实际施工图；

（3）变更设计的证明文件；

（4）安装技术记录（包括隐蔽工程检验记录）；

（5）检验记录（包括绝缘电阻、接地电阻的测试记录）；

（6）系统竣工情况表；

（7）安装竣工报告；

（8）调试开通报告；

（9）竣工验收情况表；

（10）管理操作人员登记表；

（11）操作使用规程；

（12）值班记录和使用图表；

（13）值班员职责；

（14）设备维修记录等。

3. 火灾自动报警系统的使用单位应建立包括上述文件资料的技术档案，并应有电子备份档案。

## 二、使用和维护

1. 火灾自动报警系统启用后应保持连续正常运行，不得随意中断。

2. 每日应检查火灾报警控制器的功能，并按要求填写相应的记录。

3. 每季度应检查和试验火灾自动报警系统的下列功能，并按要求填写相应的记录。

（1）采用专用检测仪器分期分批试验探测器的动作及确认灯显示；

（2）试验火灾警报装置的声光显示；

（3）试验水流指示器、压力开关等报警功能、信号显示；

（4）对主电源和备用电源进行 1～3 次自动切换试验；

（5）用自动或手动检查消防控制设备的控制显示功能：

1）室内消火栓、自动喷水、泡沫、气体、干粉等灭火系统的控制设备；

2）抽验电动防火门、防火卷帘门，数量不小于总数的 25％；

3）选层试验消防应急广播设备，并试验公共广播强制转入火灾应急广播的功能，抽检数量不小于总数的 25％；

4）火灾应急照明与疏散指示标志的控制装置；

5）送风机、排烟机和自动挡烟垂壁的控制设备。

（6）检查消防电梯迫降功能；

（7）应抽取不小于总数 25％的消防电话和电话插孔在消防控制室进行对讲通话试验。

4. 每年应检查和试验火灾自动报警系统下列功能，并按要求填写相应的记录。

（1）应用专用检测仪器对所安装的全部探测器和手动报警装置试验至少一次；

（2）自动和手动打开排烟阀，关闭电动防火阀和空调系统；

（3）对全部电动防火门、防火卷帘的试验至少一次；

(4) 强制切断非消防电源功能试验；

(5) 对其他有关的消防控制装置进行功能试验。

5. 点型感烟火灾探测器投入运行 2 年后，应每隔 3 年至少全部清洗一遍；通过采样管采样的吸气式感烟火灾探测器根据使用环境的不同，需要对采样管道进行定期吹洗，最长的时间间隔不应超过一年。

探测器的清洗应由有相关资质的机构根据产品生产企业的要求进行。探测器清洗后应做响应阈值及其他必要的功能试验，合格者方可继续使用。不合格探测器严禁重新安装使用，并应将该不合格品返回产品生产企业集中处理，严禁将离子感烟火灾探测器随意丢弃。可燃气体探测器的气敏元件超过生产企业规定的寿命年限后应及时更换，气敏元件的更换应由有相关资质的机构根据产品生产企业的要求进行。

6. 不同类型的探测器应有 10%但不少于 50 只的备品。使用单位应有一定数量的备品探测器，以保障系统的完整性和可靠性。

## 第七节　自动喷水灭火系统维护管理

1. 自动喷水灭火系统应具有管理、检测、维护规程，并应保证系统处于准工作状态。

2. 水源的水量、水压有无保证，是自动喷水灭火系统能否起到应有作用的关键。每年应对水源的供水能力测定一次，若达不到要求时，应及时采取必要的补救措施。

3. 消防水泵或内燃机驱动的消防水泵应每月启动运转一次。当消防水泵为自动控制启动时，应每月模拟自动控制的条件启动运转一次。

4. 电磁阀是启动系统的执行元件，应每月检查并应作启动试验，动作失常时应及时更换，以保证系统启动的可靠性。

5. 每个季度应对系统所有的末端试水阀和报警阀旁的放水试验阀进行一次放水试验，检查系统启动、报警功能以及出水情况是否正常。

6. 系统上所有的控制阀门均应采用铅封或锁链固定在开启或规定的状态。每月应对铅封、锁链进行一次检查，当有破坏或损坏时应及时修理更换。

7. 室外阀门井中，进水管上的控制阀门应每个季度检查一次，核实其处于全开启状态。

消防给水管路必须保持畅通，报警控制阀在发生火灾时必须及时打开。系统中所配置的阀门都必须处于规定状态。对阀门编号和用标牌标注可以方便检查管理。

8. 自动喷水灭火系统的水源供水不应间断。自动喷水灭火系统发生故障，需停水进行修理前，应向主管值班人员报告，取得维护负责人的同意，并临场监督，加强防范措施后方能动工。

9. 维护管理人员每天应对水源控制阀、报警阀组进行外观检查，并应保证系统处于无故障状态。在发生火灾时，自动喷水灭火系统能否及时发挥应有的作用和它的每个部件是否处于正确状态有关。

10. 消防水池、消防水箱及消防气压给水设备应每月检查一次，并应检查其消防储备水位及消防气压给水设备的气体压力。同时，应采取措施保证消防用水不作他用，并应每月对该措施进行检查，发现故障应及时进行处理。

11. 消防水池、消防水箱、消防气压给水设备内的水，应根据当地环境、气候条件不定期更换，以保持水质。

12. 寒冷季节，消防储水设备的任何部位均不得结冰。每天应检查设置储水设备的房间，保持室温不低于5℃。

13. 每年应对消防储水设备进行检查，修补缺损和重新油漆。

14. 钢板消防水箱和消防气压给水设备的玻璃水位计，两端的角阀在不进行水位观察时应关闭。

15. 消防水泵接合器的接口及附件应每月检查一次，并应保证接口完好、无渗漏、闷盖齐全。

16. 每月应利用末端试水装置对水流指示器进行试验。

17. 每月应对喷头进行一次外观及备用数量检查，发现有不正常的喷头应及时更换；当喷头上有异物时应及时清除。更换或安装喷头均应使用专用扳手。

18. 建筑物、构筑物的使用性质或贮存物安放位置、堆存高度的改变，影响到系统功能而需要进行修改时，应重新进行设计。

## 第八节　气体灭火系统维护管理

1. 气体灭火系统投入使用时，应具备下列文件，并应有电子备份档案，永久储存：

（1）系统及其主要组件的使用、维护说明书。

（2）系统工作流程图和操作规程。

（3）系统维护检查记录表。

（4）值班员守则和运行日志。

2. 应按检查类别规定对气体灭火系统进行检查，并按有关规定做好检查记录。对检查中发现的问题应及时处理。

3. 与气体灭火系统配套的火灾自动报警系统的维护管理应按现行国家标准《火灾自动报警系统施工及验收规范》（GB 50166—2007）执行。

4. 每日应对低压二氧化碳储存装置的运行情况、储存装置间的设备状态进行检查并记录。

5. 每月检查应符合下列要求：

（1）低压二氧化碳灭火系统储存装置的液位计检查，灭火剂损失10％时应及时补充。

（2）高压二氧化碳灭火系统、七氟丙烷管网灭火系统及IG541灭火系统等系统的检查内容及要求应符合下列规定：

1）灭火剂储存容器及容器阀、单向阀、连接管、集流管、安全泄放装置、选择阀、阀驱动装置、喷嘴、信号反馈装置、检漏装置、减压装置等全部系统组件应无碰撞变形及其他机械性损伤，表面应无锈蚀，保护涂层应完好，铭牌和保护对象标志牌应清晰，手动操作装置的防护罩、铅封和安全标志应完整。

2）灭火剂和驱动气体储存容器内的压力，不得小于设计储存压力的90％。

3）预制灭火系统的设备状态和运行状况应正常。

6. 每季度应对气体灭火系统进行一次全面检查，并应符合下列规定：

（1）可燃物的种类、分布情况，防护区的开口情况，应符合设计规定。

（2）储存装置间的设备、灭火剂输送管道和支、吊架的固定，应无松动。

（3）连接管应无变形、裂纹及老化。必要时，送法定质量检验机构进行检测或更换。

（4）各喷嘴孔口应无堵塞。

（5）对高压二氧化碳储存容器逐个进行称重检查，灭火剂净重不得小于设计储存量的90％。

（6）灭火剂输送管道有损伤与堵塞现象时，应按规定进行严密性试验和吹扫。

7. 每年应按现行国家标准《气体灭火系统施工及验收规范》（GB 50263—2007）的规定，对每个防护区进行一次模拟启动试验，并进行一次模拟喷气试验。

8. 低压二氧化碳灭火剂储存容器的维护管理应按国家现行《压力容器安全技术监察规程》的规定执行；钢瓶的维护管理应按国家现行《气瓶安全监察规程》的规定执行。灭火剂输送管道耐压试验周期应按《压力管道安全管理与监察规定》的规定执行。

## 第九节 室内外消火栓使用和维护管理

### 一、室内消火栓的使用和维护管理

（一）室内消火栓的使用

发生火灾后，首先打开消火栓箱门，按紧急报警按钮，此时消火栓箱上的红色指示灯亮，给控制室和消防泵房送出火警信号。有的消火栓箱可以直接启动消防水泵供水。然后迅速取下箱内的水带和水枪，将水带接口连接在消火栓接口上，并按逆时针方向旋转消火栓手轮，即可出水灭火。

（二）消防水喉的使用

消防水喉设备是直径为 25mm 的小口径自救式消火栓设备，可供旅馆内的服务人员、旅客和工作人员扑救初起火灾使用。消防水喉设备根据其设置条件分为自救式小口径消火栓设备和消防软管卷盘两种。

使用自救式小水枪或消防软管卷盘时，首先打开箱门将卷盘旋出，拉出胶管和小口径水枪，开启供水闸阀即可进行灭火。消防卷盘除绕自身轴旋转外，还随箱门旋转，比较灵活，不需将胶管全都拉出即能开启阀门供水。使用完毕后，先关闭供水闸阀，待胶管排除积水后卷回卷盘，将卷盘转回消火栓箱。

（三）室内消火栓的维护管理

消火栓箱应经常保持清洁、干燥，防止锈蚀、碰伤或其他损坏。每半年至少进行一次全面的检查维修。检查要求为：

1. 消火栓和消防卷盘供水闸阀不应有渗漏现象。

2. 检查消火栓箱及箱内配装的消防部件的外观有无损坏，涂层是否脱落，箱门玻璃是否完好无缺。

3. 室内消火栓、水枪、水带、消防水喉及全部配件应齐全完好，卷盘转动灵活。检查有无生锈、漏水，接口垫圈是否完整无缺。

4. 报警按钮、指示灯及报警控制线路功能是否正常，无故障。

5. 消防水泵在火警后5min内能否正常供水。

6. 消火栓、供水阀门及消防卷盘等所有转动部位应定期加注润滑油。

7. 定期检查消防泵供水系统是否处于自动控制状态，可采取揿动消火栓箱内的按钮，看泵是否启动的办法检查，但消防泵房内必须有人，并保持上下联络，防止设备损坏。

8. 对室内消火栓给水系统维护时，应做到使各组成设备经常保持清洁、干燥，防止锈蚀或损坏。为防止生锈，消火栓手轮丝杆处以及消防水喉卷盘等所有转动的部位应经常加注润滑油。设备如有损坏，应及时修复或更换。

## 二、室外地上消火栓的使用和维护

### （一）室外地上消火栓的使用

地上消火栓在使用时，用专用扳手，打开出水口闷盖，接上水带或吸水管，再用专用扳手打开阀塞，即可供水。使用后，应关闭阀塞，上好出水口盖；使用地下消火栓时，先打开井，拧下闷盖，再接上消火栓与吸水管的连接器，或接上水带，用专用扳手打开阀塞，即可出水。使用完毕应恢复原状。

### （二）室外地上消火栓的维护

室外消火栓由于处在室外，经常受到自然和人为的损害，所以要经常维护。

1. 消除阀塞启闭杆端部周围杂物，将专用扳手套于杆头，检查是否合适，转动启闭杆，加注润滑油。

2. 用油纱头搽洗出水口螺纹上的锈渍，检查闷盖内橡胶圈是否完好。

3. 打开消火栓，检查供水情况，在放净锈水后再关闭，并观察有无漏水现象。

4. 外表油漆剥落后应及时修补。

5. 清除消火栓附近的障碍物，对地下消火栓，消除井内积聚的垃圾、砂土等杂物。

## 第十节　建筑灭火器维护管理

### 一、灭火器检查

（一）外观检查

平时应对灭火器进行检查，确保其始终处于完好状态。

1. 检查灭火器铅封是否完好。灭火器一经开启后即使喷出不多，也必须按规定要求再充装。充装后应作密封试验并牢固铅封。

2. 检查压力表指针是否在绿色区域。如指针在红色区域，应查明原因，检修后重新灌装。

3. 检查可见部位防腐层的完好程度。轻度脱落的应及时补好，明显腐蚀的应送消防专业维修部门进行耐压试验，合格者再进行防腐处理。

4. 检查灭火器可见零部件是否完整。有无变形、松动、锈蚀（如压杆）和损坏，装配是否合理。

5. 检查推车式灭火器行走机构是否灵活可靠，及时在转动部分加润滑油。

6. 检查喷嘴是否通畅，如有堵塞及时疏通。

（二）定期检查

1. 每半年应对灭火器的重量和压力进行一次彻底检查，并应及时充填。

2. 对干粉灭火器每年检查一次出粉管、进气管、喷管、喷嘴和喷枪等部分有无干粉堵塞，出粉管防潮堵、膜是否破裂。筒体内干粉是否结块。

3. 灭火器应进行水压试验，一般 5 年一次，化学泡沫灭火器充装灭火剂两年后，每年一次，加压试验合格方可继续使用，并标注检查日期。

4. 检查灭火器放置环境及放置位置是否符合设计要求，灭火器的保护措施是否正常。

## 二、清水灭火器的维护保养

### （一）检查灭火器放置环境

1. 检查灭火器放置地点的环境温度是否在4～45℃之间（或采用除冻措施）。不得受到烈日曝晒，接近热源或受剧烈震动。温度过高或剧烈震动，使灭火器内贮气瓶压力剧增而影响灭火器的安全使用。防止气温过低，灭火器内清水结冻使灭火器失效。

2. 检查灭火器放置地点是否潮湿，是否受化学腐蚀物品的影响，环境是否清洁，以防灭火器喷嘴堵塞，开启机构失灵和降低灭火器使用寿命。

3. 检查灭火器设置位置是否明显和安全。

### （二）外观检查

1. 检查灭火器可见零部件是否完整，有无损坏，装配是否合理。

2. 检查可见部位防腐层的完好程度。轻度脱落的应及时补好，明显腐蚀的应送专业维修部门进行耐压试验，合格者再进行防腐处理。

3. 经常检查喷嘴是否畅通，如有堵塞应及时疏通。

### （三）定期检查

1. 每半年拆卸器盖，检查灭火器操作机构是否灵活可靠。贮气瓶防腐层是否有脱落、腐蚀现象，轻度脱落的应及时补好，明显腐蚀的送专业消防维修部门进行水压试验。同时检查贮气瓶内的二氧化碳重量，若减少10％时应及时修复充足。

2. 检查灭火器内水的重量是否符合铭牌或产品使用说明书的规定。水量不够的要补足，水量超过的要排出。还要检查器盖密封部分是否完好，喷嘴过滤装置是否堵塞。

### （四）贮气瓶重灌二氧化碳后进行气密性试验

1. 浸水试验。将贮气瓶直立放置在50～55℃的清水中，水面应高于贮气瓶顶端50mm以上，保持60min并注意观察。试验结果应无可见的泄漏气泡。

2. 存放试验。将浸水试验合格的贮气瓶逐只称重后，放在室内常温下 15d，然后再逐只复称。前后两次称出的重量应相符。称重精度为±1g。

（五）水压试验

灭火器有下列情况之一者，应进行水压试验：出厂充装灭火剂 2 年后，每年应进行水压试验；灭火器外部或内部有明显腐蚀者。

**三、二氧化碳灭火器的维护保养**

（一）检查灭火器放置环境

1. 检查灭火器放置地点的环境温度是否在－10～45℃之间，是否受到烈日曝晒、接近热源或受剧烈震动。以防气温过低，灭火器内压力下降影响喷射性能。同时应防止温度过高或受剧烈震动，使灭火器内压力剧增影响灭火器的安全使用。

2. 检查灭火器放置地点是否潮湿，是否受化学腐蚀物品的影响，以防止灭火器因腐蚀造成开关不灵而缩短寿命。

3. 检查灭火器设置位置是否明显、易取和安全。推车式灭火器与保护对象之间的通道应畅通无阻。

（二）检查灭火器的外观

1. 检查灭火器铅封是否完整。灭火器一经开启即使喷出不多，也必须按规定要求进行再充装，充装后应作密封试验，并牢固铅封。

2. 检查可见部位防腐层的完好程度。轻度脱落的应及时补好。有明显腐蚀的，应送专门维修部门进行耐压试验、残余变形率和壁厚测定，合格者进行防腐处理。

3. 瓶壁有裂纹、渗漏和明显变形者应予报废。

4. 检查灭火器可见零部件是否完整，有无锈蚀和损坏，装配是否合理。

5. 检查安全帽泄气是否畅通。

（三）试验检查等

1. 灭火器每年至少检查一次重量，灭火器的年泄漏量不得大于灭火剂额定重量的 5％或 50g，超过规定泄漏量的，应检修后按规定的充装量重灌。

2. 每半年检查一次喷筒和喷射管道是否堵塞、腐蚀和损坏。刚性连接式喷筒是否能绕其轴线回转，并可在任意位置停留。

3. 检查推车式灭火器行走机构是否灵活可靠，并及时在转动部分加润滑油。

4. 水压试验、残余变形率和壁厚测定。灭火器每隔5年或表面明显腐蚀者应进行水压试验，在水压试验的同时应测定残余变形率，其值不得大于6%，试验后应进行壁厚测定，其值不得小于不包括腐蚀裕度在内的筒体壁厚。检验合格者应在灭火器筒体肩部用钢印打上试验年月和试验单位的代号。灭火器试验后清理内部杂物并进行干燥处理。

5. 灭火剂的充装。灭火剂应该根据铭牌或说明书规定的重量充装，不得过量。操作时操作人员应戴防护手套，充气装置应有安全保护设施并不得接近热源和受振动的影响。

### 四、泡沫灭火器的维护保养

#### （一）检查灭火器放置环境

1. 检查灭火器放置地点的环境温度是否在0～45℃之间，是否受到烈日曝晒或接近热源，以防气温过高而致药液分解而失效。同时要防止因气温过低引起药液冻结。

2. 检查灭火器设置位置地点是否潮湿，是否受化学腐蚀物品的影响，以防止降低灭火器的使用寿命。

#### （二）外观检查

1. 检查灭火器的可见零部件是否完整，有否损坏，装配是否合理。

2. 检查可见部位防腐层的完好程度。轻度脱落的应及时补好，明显腐蚀的应送专业维修部门进行耐压试验，合格者再进行防腐处理。

#### （三）定期检查

1. 经常检查喷嘴是否畅通，如有堵塞应及时疏通。

2. 每半年拆卸筒盖，检查滤网是否堵塞。喷嘴与滤网密封是否牢靠。检查筒盖橡胶垫圈是否损坏，装配有否错位现象，检查后装配时应注意筒盖连接可靠。

3. 推车式灭火器每月检查一次喷枪、喷射软管及安全阀有无堵塞，瓶口是否盖紧，密封圈是否腐蚀。推车式灭火器行走机构是否灵活可靠，并及时在转动部分加润滑油。

4. 每年检查一次灭火剂。检验药液的发泡倍数和泡沫消失率是否符合规定的技术要求。检验方法是：量取内剂 7.5mL，倒入 500mL 的量筒内；再取出外剂 33mL，迅速倒入量筒。计算其产生泡沫的体积是否为两种溶液总量的 8 倍（即 324mL）以上，泡沫消失率在 15min 后是否大于 25%。否则应重新更换灭火剂。

5. 更换灭火剂。首先清洗灭火器内部。如发现筒体锈蚀应对灭火器进行水压试验，合格者应重新进行防腐处理。水压试验不合格者应予报废，不得再进行焊补。水压试验合格的灭火器应在其上标明试验日期和试验单位。然后进行灭火剂的灌装。同新灭火器首次灌装，并填写换药卡，注明换药日期和换药人员姓名。

6. 水压试验。灭火器有下列情况之一者，应进行水压试验：出厂充装灭火器两年后，每年应进行水压试验；灭火器外部或内部有明显腐蚀者。

试验要求：试验压力为设计压力的 1.5 倍，持续时间不少于 1min。试验时无渗漏和宏观变形为合格。

## 五、干粉灭火器的维护保养

### （一）检查灭火器放置环境

1. 检查灭火器放置地点的环境温度是否在－10～＋55℃之间，不得受到烈日曝晒，接近热源或受剧烈震动，以防气温过低，灭火器内压力下降影响喷射性能。同时应注意防止温度过高或受剧烈震动，使灭火器内压力剧增而影响灭火器的安全使用。

2. 检查灭火器放置地点是否潮湿，是否受化学腐蚀物品的影响，以防止灭火器腐蚀造成阀门打不开和降低灭火器的使用寿命。

3. 检查灭火器设置位置是否明显、易取和安全。推车式灭火器与保护对象之间的通道应畅通无阻。

（二）外观检查

1. 经常检查灭火器铅封是否完整。灭火器一经开启即使喷出不多，也必须按规定要求进行充装。充装后应作密封试验，并固牢铅封。

2. 贮压式干粉灭火器应检查压力表指针是否在绿色区域。如指针在红色区域，应查明原因。检修后重新灌装。

3. 检查可见部位防腐层的完好程度。轻度脱落的应及时补好。有明显腐蚀的，应送专业维修部门进行耐压试验，合格者再进行防腐处理。

4. 检查灭火器可见零部件是否完整，有无松动、变形、锈蚀和损坏。

5. 检查喷嘴防潮堵是否完好。

6. 检查间歇喷射器（在卸下贮气瓶时）和喷枪部件是否完整，操作机构是否灵活。

（三）定期检查

1. 每半年卸下贮气瓶（包括推车式干粉灭火器的二氧化碳钢瓶）用称重法检查瓶内二氧化碳重量。手提式灭火器二氧化碳贮气瓶泄漏量大于额定充装量的5%或7g（取两者的较小值）的或推车式灭火器的二氧化碳钢瓶贮气重量减少1/10时，应按规定充足气量。同时检查阀门操作机构是否灵活。

2. 检查贮气瓶穿刺式穿针是否位于器头正确位置，器头螺母是否拧紧，以免漏气造成干粉结块。

3. 每年检查一次出粉管、进气管、喷管、喷嘴、喷枪等部分有无干粉堵塞，出粉管防潮堵、膜是否破裂。发现有干粉堵塞者应及时清理，并同时检查筒体内干粉是否结块，结块者应及时更换。

4. 每年检查一次干粉是否有结块现象，若有结块应及时更换。

（四）试验检查

1. 重灌的贮气瓶或推车式灭火器二氧化碳钢瓶应进行密封性能试验。

2. 水压试验：灭火器（包括粉筒、贮气瓶、器头和有关连接件）每隔5年（推车式干粉灭火器的贮罐每隔3年）和每次充装前或表面有明显腐蚀者应进行1.5倍设计压力的水压试验。试验前应首先检查灭火器内部，有明显锈蚀者不得继续使用，内部无明显锈蚀经水压试验合格，进行干燥处理后方可继续使用，并应在筒体和贮气瓶上标明试验日期。推车式灭火器的二氧化碳钢瓶每5年（或表面有明显腐蚀者）在进行水压试验的同时应测定其残余变形率，其值不得大于6%，试验合格后应在瓶体肩部用钢印打上试验年月和试验单位代号。

值得注意的是：上述灭火器的检查、保养应由经专业训练的人员进行。灭火器的维修、再充装应由专业维修部门承担。维修后的灭火器质量应符合有关产品标准的规定。维修部门应在维修后的灭火器明显位置标有不易脱落的标志，标志上应注明维修或灌装灭火剂日期和维修单位名称、地址。

## 第十一节　安全疏散设施维护管理

安全疏散系统中的所有设备应由经过专门培训的专人负责定期检查和维护。整个系统投入使用，应将系统设计图、产品合格证、产品说明书，施工安装资料等整理建档。各维护单位应按下列规定对疏散系统进行检查记录，对检查中发现的问题应及时处理：

1. 每周应对整个疏散通道进行一次检查，禁止疏散通道上堆放杂物、设备等，确保疏散通道畅通。

2. 每周应进行防火门的开关、防火卷帘的升降、应急灯的指示和疏散指示标志的方向及供电情况检查，确保指示灯指示正常。

3. 每半年应对防火门的铰链和闭门器及防火卷帘的轨道、卷门机轴进行润滑保养，保证防火门、防火卷帘开关自如。

4. 每年应对应急灯和疏散指示标志灯进行功能和安全性检查，并进行充放电试验。保证应急灯的照度不低于0.5lx。

5. 单位应当保障疏散通道、安全出口畅通，并设置符合国家规定的消防安全疏散指示标志和应急照明设施，保持防火门、防火卷帘、消防安全疏散指示标志、应急照明、机械排烟送风、火灾事故广播等设施处于正常状态。严禁下列行为：

(1) 占用疏散通道；

(2) 在安全出口或者疏散通道上安装栅栏等影响疏散的障碍物；

(3) 在营业、生产、教学、工作等期间将安全出口上锁、遮挡或者将消防安全疏散指示标志遮挡、覆盖；

(4) 其他影响安全疏散的行为。

# 第十一章　建筑火灾事故处置

## 第一节　火 灾 报 警

火灾报警就是人们在发现起火时，向公安消防队、起火现场周围人员、本单位领导及附近的企业专职消防队、志愿消防队发出火灾信息的一种行动。火灾报警是每个公民应尽的义务。《消防法》第五条和第四十四条规定，任何单位和个人都有报告火警的义务，任何人发现火灾都应当立即报警。任何单位、个人都应当无偿为报警提供便利，不得阻拦报警。严禁谎报火警。

### 一、早报火警的意义

“报警早，损失少”，这是人们长期同火灾作斗争中得出的一条宝贵经验。只有早报警，才能在较短的时间内调集较强的灭火力量到达火场，及时控制火势蔓延和扑灭火灾，并为人员安全疏散赢得时间，从而避免和减少重大火灾事故的发生。大量的火灾实例说明，几乎所有大火都与报警晚有很大关系。

值得注意的是，发现起火后，采取一些紧急的处理和扑救措施是必要的，但决不能因此而延误甚至忘记了报告火警。不要以为自己有足够的力量扑灭火灾就不向消防队报警，因为火势的发展往往是难以预料的，如扑救方法不当，对起火物质的性质不了解，灭火器材的效用所限等等原因，均有可能控制不住火势而酿成大火。

报警时，应根据火势情况，首先向周围人员发出火警信号，同时应以最为简便迅捷的方式报告消防队，然后再通知单位领导和有关部门，这是报警的基本程序。

## 二、报火警的对象

1. 向火灾现场周围人员发出火灾警报，召集他们前来参加扑救，或者让他们尽快安全疏散。

2. 本单位（地区）有专职消防队、志愿消防队的，应迅速向其报警。因为专职消防队、义务消防队距离火场较近，能较快到达火场。

3. 向公安消防队报警。公安消防队是灭火的主要力量。有时尽管失火单位有专职消防队、义务消防队，也应向公安消防队报警，不要等本单位扑救不了再向公安消防队报警。否则，会延误灭火时机。

4. 向受火灾威胁的人员发出警报，让他们迅速疏散到安全的地方。发出警报时要根据火灾发展情况，作出局部可全部疏散的决定，并告诉疏散人员要从容、镇静，避免引起慌乱、拥挤。

## 三、报火警的方法

除装有火灾自动报警系统的单位可以自动报警外，其他单位或个人可根据条件分别采取以下方法报警：

### （一）向单位和周围的人报警

在向单位和周围的人群报警时，可使用电话、警铃、汽笛、敲钟等手动报警器具或其他平时约定的报警手段报警；派人到本单位（地区）的专职消防队报警；使用有线广播报警等。根据情况也可以使用敲锣和大声呼喊等方法报警。在人员相对集中的场所，如办公楼、工厂、车间、城市街道等可用大声呼喊的方法报警。在人员稀少的场所，如仓库、货场以及居民区夜间发生了火灾，可用锣、盆、哨、警笛等器具报警。工矿企业、乡镇、旅馆、影剧院等有条件的场所，可用广播或事先规定的警铃、警笛报警。其他能够引起人们注意的音响、视听器具都可以就地取材，成为报警的器具。

### （二）向公安消防队报警

“119”是全国统一规定的火警专用电话号码，拨通这个电话可以直接向当地公安消防队报告火警。当没有电话且离消防队较近时，可直接到消防队报警。一些重点单位或通信条件差的单位，可用事先规定的信号（如信号弹、特种烟幕等）向当地消防队的火警瞭望塔报警。向公安消防队报警时，可采用多种方法进行，直到消防队受理为止。

报火警的方法要灵活采用、因地制宜，以最快的速度将火警报出去为目的。报警时，应尽量多种方法并用，以引起人们的高度重视，促使人们迅速采取必要的行动。

## 四、报火警的内容

在拨打火警电话向公安消防队报火警时，必须讲清以下内容：

### （一）发生火灾单位或个人的详细地址

包括起火的单位、地点及其所在区、县、街道名称、门牌号码，靠近何处等。大型企业要讲明分厂、车间或部门；高层建筑要讲明第几层楼；农村发生火灾要讲明县、乡（镇）、村庄名称等。总之，对发生火灾单位或个人的详细地址要讲得明确、具体。

### （二）起火物

如房屋、商店、油库、露天堆场等，房屋着火最好讲明是什么建筑，如棚屋、砖木结构、新式厂房、高层建筑等，尤其要注意讲明的是起火物是什么物质，如液化石油气、汽油、化学试剂、棉花、麦秸，有无爆炸性危险物品等情况都应讲明白，以便消防部门根据情况派出相应的灭火车辆。

### （三）火势和人员受困情况

如有无冒烟和火光，火场燃烧猛烈程度，有多少间房屋着火、是否有人被围困等。

### （四）报警人姓名及所用电话的号码

讲清报警人的姓名、单位和所用的电话号码。讲明此项内容可方便消防部门电话联系和了解火场情况。

## 五、报火警的要求

### （一）一般要求

1. 一旦发生火灾，应当根据火灾情况，在积极扑救的同时，不失时机地报警。选择先报警还是先扑救的情况是：若在自己身边发现火灾初起，靠自己的力量能够有效扑救，就应当先行扑救，但在积极扑救的同时应不失时机地报警；若火势已大，靠自己的力量难以扑灭，就应当先报警，同时召唤周围的人前来扑救。

2. 学会正确的报警方法。发现火灾，及早报火警固然很重要，但如果不掌握正确的报警方法也会延误灭火时机，这方面有不少值得吸取的教训。因此，必须学习掌握正确的报警方法。

3. 不要存在侥幸心理，以为自己有足够的力量扑灭火灾就不向消防队报警。有的人员由于自己的失误导致了火灾，不是及时报警，而是怕追究责任或受经济处罚等，侥幸凭自己的力量扑救，结果小火酿成了大火。

4. 不要怕影响声誉而不报警。有的单位不是要求人员在发生火灾时积极报警，而是怕影响单位评先进、怕消防车拉报警影响声誉等而不报警；有的甚至作出专门规定，报警必须经过领导批准。这些都是错误的做法，其结果会使小火酿成大火，造成更加严重的损失。

（二）向周围群众报警的基本要求

1. 发现起火，要沉着冷静地观察和了解火情，选择最好的方式报警，防止因惊慌失措，语无伦次而耽误时间，甚至出现误报。

2. 报警信号要明显地区别于其他常用信号。要让人们听到后，立即明白是发生了火灾。

3. 报警时，应尽量使群众明白什么地方和什么东西着火，是通知人们前来灭火还是告诉人们紧急疏散，同时应尽可能向灭火人员指明起火处和为疏散人员指明通道。

4. 要保证报警信号能传递到应通知的范围，特别是疏散人员时更应如此，如宾馆客房、工厂的车间、密封性好的房间、工作间等场所。

5. 在影剧院、学校、高层建筑、商场等人员密集的场所，如果火势一时还不可能造成较大的危险，应注意通报火警的方式和范围，避免人们因不明情况而惊慌，争相逃生，堵塞通路，影响疏散和灭火，甚至因拥挤造成人员伤亡。

（三）向消防队报火警的基本要求

1. 用电话报警时，要沉着冷静，拨准“119”火警电话或当地公安、企业专职队的电话号码。接通后，要首先询问是否是消防队，得到肯定回答后，方可报警。

2. 用电话报警要讲清楚上述报火警的内容，并注意听消防队的询问，正确、简洁地予以回答。待对方明显说明可以挂断电话时，方可挂断电话。

3. 报警后，要立即亲自或派人到单位门口、街道口或交叉路口接应消防车，并带领消防队迅速赶到火场。

4. 使用长途电话或通过总机转接的电话报警，要明确告诉接线员是火警电话，并要求迅速接转。

5. 到消防队直接报警时，在营区外即应高声呼喊，以引起消防队岗哨或有关人员注意。

6. 直接报警时，可简要说明起火情况，并带领消防车按最佳行车路线赶赴火场。

7. 用规定信号向消防队火警瞭望塔报警时，信号要明显，并应有一定的持续时间，同时尽可能再用其他方法报警。

（四）禁止谎报火警和阻拦报警

打电话报假火警的现象时有存在，这些假火警有的是抱着试探心理，看报警后消防车是否会来；有的报火警开玩笑；有的是为报复对自己有意见的人，用报警方法搞恶作剧故意捉弄对方；有的无聊、空虚，寻求新鲜和刺激等。有的人怕事态扩大，影响不好而阻拦报火警。这些做法都是错误的，是违反消防法规，妨害公共安全的行为。这是因为，每个地区所拥有的消防力量是有限的，因谎报火警而出动车辆，必然会削弱正常的值勤力量。如果在这时某单位真的发生了火灾，就会影响正常出动和扑救。阻拦报火警，也会因延误报警时机，而造成火灾扩大。按照《消防法》的规定，谎报火警和阻拦报火警是扰乱公共秩序、妨害公共安全的行为，视其情节要受到罚款或拘留的处罚。

## 六、火灾预警处置的基本程序

### （一）个人家庭的自救

个人家庭发生火灾时，应当按家庭的火灾应急预案或以上所述的自救方法扑救、报警、逃生。

### （二）单位的自救

单位发生火灾时，应当立即按照灭火和应急疏散预案，组织职工和志愿消防队员扑救火灾，疏散人员和物资。人员密集场所发生火灾时，该场所的现场工作人员应当立即组织、引导在场人员疏散。

### （三）消防控制室值班人员火警处置程序

1. 当消防控制室值班人员接到火灾自动报警系统发出的火灾报警信号时，要通过单位内部电话或无线对讲系统立即通知巡查人员或报警区域的楼层值班、工作人员立即迅速赶往现场实地查看。

2. 查看人员确认火情后，要立即通过报警按钮、楼层电话或无线对讲系统向消防控制室反馈信息，并同时组织本楼层第一梯队疏散引导组及时引导本层人员疏散；灭火行动组实施灭火。

3. 消防控制室接到查看人员确认的火情报告后要同时做到：立即启动消防广播，发出火警处置指令，通知第二梯队人员，并告之顾客不要惊慌，在单位员工的引导下迅速安全疏散、撤离；设有正压送风、排烟系统和消防水泵等设施的，要立即启动，确保人员安全疏散和有效扑救初起火灾；拨打“119”电话报警。

4. 第二梯队人员接到消防控制室值班人员发出的火警指令后，要迅速按照职责分工，同时做到：灭火行动组的人员立即跑向火灾现场实施增援灭火；疏散引导组引导各楼层人员紧急疏散；通讯联络组继续拨打“119”电话报警；安全防护救护组携带药品，准备救护受伤人员。

（四）员工发现火情时的处置程序

1. 立即通过报警按钮、内部电话或无线对讲系统等有效方式向消防控制室报警，并组织本楼层第一梯队同时做到：疏散引导组及时引导本层人员疏散；灭火行动组实施灭火；通讯联络组拨打“119”电话报警；安全防护救护组携带药品，准备救护受伤人员。

2. 消防控制室值班人员接到火情报告后，按照职责和程序立即开展紧急处置工作。

3. 第二梯队人员接到消防控制室值班人员发出的火警指令后，要迅速按照职责分工，同时做到：灭火行动组的人员立即跑向火灾现场实施增援灭火；疏散引导组引导各楼层人员紧急疏散；通讯联络组继续拨打“119”电话报警；安全防护救护组携带药品，准备救护受伤人员。

（五）火灾事故善后程序

1. 火灾发生后，受灾单位应保护火灾现场。公安消防机构划定的警戒范围是火灾现场保护范围；尚未划定时，应将火灾过火范围以及与发生火灾有关的部位划定为火灾现场保护范围。

2. 未经公安消防机构允许，任何人不得擅自进入火灾现场保护范围内，不得擅自移动火场中的任何物品。

3. 未经公安消防机构同意，任何人不得擅自清理火灾现场。

4. 有关单位应接受事故调查，如实提供火灾事故情况，查找有关人员，协助火灾调查。

5. 有关单位应做好火灾伤亡人员及其亲属的安排、善后事宜。

6. 火灾调查结束后，有关单位应总结火灾事故教训，改进消防安全管理。

（六）公安消防队、专职消防队的救援

公安消防队、专职消防队接警后应当立即赶赴火场，按照生命优先的原则，首先确认火灾现场是否有遇险人员。起火场所的负责人和熟悉起火场所情况的人，应当向灭火指挥人员如实报告火灾现场有无遇险人员，有无易燃易爆危险品等。任何单位、个人不得以任何理由阻碍消防队优先救助遇险人员。

（七）火灾现场的封闭与保护

公安机关消防机构有权根据需要封闭火灾现场。公安机关消防机构封闭火灾现场，应当明确划定封闭范围，设置警戒线等警示标志，指定警戒人员看管，并在封闭现场主要出入口张贴封闭现场公告。火灾现场封闭期间，未经公安机关消防机构批准，无关人员不得进入火灾现场。火灾扑灭后，发生火灾的单位和相关人员应当按照公安机关消防机构的要求保护现场。

## 第二节　初起火灾扑救

火灾的发展，都要经过火势由小到大，由弱到强，逐步发展的过程。初起火灾又称初期火灾，是火灾发生的初始阶段，一般在起火后的几分钟内或十几分钟内。初起火灾扑救，通常是指发生火灾以后，专职消防队未到达火场以前对刚发生的火灾事故所采取的处理措施。

### 一、扑救初起火灾的意义

在火灾的初起阶段，物质燃烧的面积不大，燃烧速度缓慢，火焰不高，燃烧放出的热量少，温度低，烟气少且流动速度缓慢。这时，在场人员如能及时采取正确的方法，就可以用很少的人力和灭火器材，甚至一桶水、一只灭火器，就可以迅速扑灭火灾。但如果采取措施不当，就会使火势扩大，酿成大火，造成无法想象的后果和损失。

2010年8月28日14时50分许，某市商业广场售楼处发生火灾，造成9人死亡，9人受伤。据调查，火灾原因为售楼处一楼大厅内的沙盘模型电路故障引发火灾。房地产沙盘模型着火，并造成重大人员伤亡，这在全国还是第一次。按照消防技术规范规定，像这样三层的售楼处，属于公共场所，必须配备一定数量的手持灭火器材。如果沙盘着火后被及时发现，第一时间内用灭火器材就可以扑灭，或者控制住火势，坚持几分钟时间，等待消防人员救援，就不会酿成这么大的火灾，造成这样惨重的损失。

大量的火灾实例说明，火灾初起阶段是灭火的最好时机，将火灾控制和消灭在这个阶段，就能赢得灭火的主动权，极大地减少火灾事故损失和危害。反之就会被动，造成难以收拾的局面。发生火灾时，首先要靠在场群众自救，或者完全要靠群众自救，力争将火灾扑灭在初起阶段。

## 二、灭火的基本方法

初起火灾容易扑救，但必须运用正确的灭火方法，合理使用灭火器材和灭火剂，才能有效地扑灭初起火灾，减少火灾危害。发生火灾后，要及时使用本单位的灭火器材、设备进行扑救。有手动灭火系统的应立即启动，利用室内消火栓和灭火器等灭火。灭火的基本方法，就是根据起火物质燃烧的状态和方式，为破坏燃烧必须具备的基本条件而采取的一些措施。大体有以下 4 种：

### （一）冷却灭火法

冷却灭火法，是根据可燃物质发生燃烧时必须达到一定的温度这个条件，将灭火剂喷射于燃烧物上，通过吸热使其温度降低到燃点以下，从而使火熄灭的一种方法。常用的灭火剂是水和二氧化碳。

用水扑救火灾的主要作用就是冷却灭火。一般物质起火，都可以用水来冷却灭火。本单位如有消防给水系统、消防车或泵，应使用这些设施灭火；本单位如配有相应的灭火器，则使用这些灭火器灭火；如缺乏消防器材设施，则就使用简易工具，如水桶、面盆等灭火。但必须注意，对于忌水物品切不可用水进行扑救。

火场上，除用水冷却直接灭火外，还经常使用水冷却尚未燃烧的可燃物质，防止其达到自燃点而着火；还可用水冷却建筑构件、生产装置或容器等，以防止其受热变形或爆炸。

### （二）隔离灭火法

隔离灭火法，是根据发生燃烧必须具备可燃物质这个条件，把着火的物质与周围的可燃物隔离开，或把可燃物从燃烧区移开，燃烧会因缺少可燃物而停止。这种方法适用于扑救各种固体、液体、气体火灾。常用的具体方法有：

1. 燃烧物附近的易燃易爆物质转移到安全地点；

2. 关闭设备或管道上的阀门，阻止可燃气体和液体流入燃烧区；

3. 打开有关阀门，将已经燃烧的容器或受到火势威胁的容器中的可燃物料通过管道导至安全地带；

4. 阻拦、疏散可燃液体或扩散的可燃气体，如采用泥土、黄沙筑堤等方法，阻止流淌的可燃液体流向燃烧点；

5. 拆除与火源相毗连的易燃建筑结构，造成阻止火势蔓延的空间地带等。

（三）窒息灭火法

窒息灭火法是根据可燃物质发生燃烧需要足够的空气（氧）这个条件，采取适当措施来阻止空气流入燃烧区域，或用不燃物质冲淡空气，使燃烧物得不到足够的氧气而熄灭。这种方法，适用于扑救封闭式的空间、生产设备装置及容器内的火灾。火场上运用窒息灭火法扑救火灾常用的具体方法有：

1. 用石棉被、湿麻袋、湿棉被、沙土等不燃或难燃材料覆盖燃烧物或封闭孔洞，对忌水物质采用干燥沙、土扑救；

2. 用水蒸气、惰性气体（如二氧化碳、氮气等）充入燃烧区域；

3. 关闭建筑的门窗，以阻止新鲜空气进入。利用生产设备上的部件（如容器和设备上的顶盖）封闭燃烧区，阻止空气进入；

4. 使用泡沫灭火器喷射泡沫覆盖燃烧物表面；

5. 在无法采取其他扑救方法而条件又允许的情况下，可采用水淹没（灌注）的方法进行扑救。

（四）抑制灭火法

抑制灭火法，是将化学灭火剂喷入燃烧区使其参与燃烧反应，中止链反应而使燃烧反应停止。常用的灭火剂有干粉和卤代烷灭火剂。灭火时，将足够数量的灭火剂准确地喷射到燃烧区内，使灭火剂阻断燃烧反应，同时还要采取必要的冷却降温措施，以防复燃。

此外，灭火的方法还有：对小面积固体可燃物火灾，火势较小时，可用扫帚、树枝条、衣物等扑打。但应注意，对容易飘浮的絮状粉尘等物质则不可用扑打方法灭火，以防着火的物质因此飞扬，反而扩大灾情。如果发生电气火灾，或者火势威胁到电气线路、电器设备，或电气影响灭火人员的安全时，首先要切断电源。如果使用水、泡沫等灭火剂灭火，必须在切断电源以后进行。

在火场上采取哪种灭火方法，应根据燃烧物质的性质、燃烧特点和火场的具体情况，以及灭火器材装备的性能进行选择。

**三、初起火灾扑救的原则**

企业、事业单位灭火、救灾指挥人员，在指挥灭火救灾中必须遵循“先控制、后消灭”、“救人第一”、“先重点、后一般”等原则。

（一）先控制、后消灭的原则

该原则是指对于不能立即扑灭的火灾，要首先控制火势的继续蔓延扩大，在具备扑灭火灾的条件时，再展开全面扑救，一举消灭火灾。在进行灭火时，应根据火灾情况和本身力量灵活运用这一原则。对于能扑灭的火灾，要抓住战机，就地取材，迅速消灭。如火势较大，灭火力量相对较弱，或因其他原因不能立即扑灭时，就要把主要力量放在控制火势发展或防止爆炸、泄漏等危险情况发生上，以防止火势扩大，为彻底扑灭火灾创造有利条件。

先控制、后消灭这两个方面，在灭火过程中是紧密相连、不能截然分开的，只有首先控制住火势，才能迅速将火灾扑灭。控制火势要根据火场的具体情形，采取相应措施。根据不同的火灾现场，常见的做法有以下几种：

1. 建筑物失火。当建筑物一端起火向另一端蔓延时，可从中间适当部位控制；建筑物的中间着火时，应从两侧控制，以下风方向为主；发生楼层火灾时，应从上下控制，以上层为主。

2. 油罐失火。油罐起火后，要冷却燃烧油罐，以降低其燃烧强度，保护罐壁；同时要注意冷却邻近油罐，防止因温度升高而爆炸起火。

3. 管道失火。当管道起火时，要迅速关闭阀门，以断绝原料源；堵塞漏洞，防止气体扩散或液体流淌；同时要保护受火势威胁的生产装置、设备等。不能及时关闭阀门或阀门损坏无法断料时，应在严密保护下暂时维持稳定燃烧，并立即设法导流、转移。

4. 易燃易爆单位（或部位）失火。要设法消灭火灾，以排除火势扩大和爆炸的危险；同时要疏散保护有爆炸危险的物品，对不能迅速灭火和不易疏散的物品要采取冷却措施，防止受热膨胀爆裂或起火爆炸而扩大火灾范围。

5. 货场堆垛失火。一垛起火，应阻止火势向邻垛蔓延；货区的边缘堆垛起火，应阻止火势向货区内部蔓延；中间垛起火，应保护周围堆垛，以下风方向为主。

（二）救人第一的原则

该原则是指火场上如果有人受到火势威胁，救援人员的首要任务是把被火围困的人员从现场抢救出来。运用这一原则，要根据火势情况和人员受火势威胁的程度而定。在灭火力量较强时，灭火和救人可以同时进行，以救火保证救人的展开，通过灭火更好地救人脱险。但是，绝不能因灭火而贻误救人时机。人未救出之前，灭火是为了打开救人通道或减弱火势对人员的威胁程度，从而更好地为救人脱险、及时扑灭火灾创造条件。在具体实施救人时应遵循“就近优先，危险优先，弱者优先”的基本要求。

（三）先重点、后一般的原则

该原则是指在扑救初起火灾时，要根据火场情况，区别重点与一般，区分轻重缓急、科学施救。先重点、后一般原则，是就整个火场情况而言的。运用这一原则，要全面了解并认真分析火场的情况，主要是：

1. 人和物相比，救人是重点。

2. 贵重物资和一般物资相比，保护和抢救贵重物资是重点。

3. 火势蔓延猛烈的方面和其他方面相比，控制火势蔓延猛烈的方面是重点。

4. 有爆炸、毒害、倒塌危险的方面和没有这些危险的方面相比，处置这些危险的方面是重点。

5. 火场上的下风方向与上风、侧风方向相比，下风方向是重点。

6. 易燃、可燃物品集中区域和较少的区域相比，集中区域是保护重点。

7. 要害部位和其他部位相比，要害部位是火场上的重点。

**四、初期火灾扑救的指挥要点**

实践证明，扑灭火灾的最有利时机是在火灾的初期。要做到及时控制和消灭初起火灾，主要是依靠群众志愿消防队。因为他们对本单位的情况最了解，发生火灾后能在公安消防队和企业专职消防队到达之前，最先到达火场。所以发生初起火灾后，一般首先由起火单位的志愿消防队组织指挥和扑救；当本单位企业专职消防队到达火场时，由企业专职消防队的领导负责组织指挥；当公安消防队到达火场时，由公安消防队的领导统一组织指挥。扑救初起火灾的组织指挥工作应主要做好以下几点：

（一）及时报警，组织扑救

各单位所有人员，无论在任何时间和场所，一旦发现起火，都要立即报警，并参与扑救火灾。当火灾刚发生且不大时，要迅速利用现场的灭火器等器材灭火，并设法立即报警。报警时，应根据火势情况，首先向周围人员发出火警信号，并通知领导和有关部门，要有专人向公安消防部门报警。

（二）积极抢救被困人员

当火场上有人被围困时，要组织力量，积极抢救被困人员。

（三）疏散物资，建立空间地带

火场上要组织一定的人力和机械设备，将受到火势威胁的物资疏散到安全地带，以阻止火势的蔓延，减少火灾损失。

（四）防止扩大环境污染

火灾的发生，往往会对环境造成污染。泄漏的有毒气体、液体和灭火用的泡沫等还会对大气或水体造成污染。有些燃烧的物料扑灭后，有时还会对水体造成严重的污染。当遇到类似火灾时，如果燃烧的火焰不会对人员或其他建筑物、设备构成威胁时，在泄漏的物料无法收集的情况下，灭火指挥员应当果断的决定，宁肯让其烧完也不宜将火扑灭，以避免对环境造成更大的污染等危害。

## 第三节　安全疏散和自救逃生

建筑火灾处于初起阶段，不仅是灭火的最有利时机，而且是人员安全疏散和自救逃生的最有利时机。因此，当火灾现场有人员或贵重、危险物品受到火势威胁时，要抓住这一时机尽快组织人员安全疏散、自救逃生和疏散物资。要做好安全疏散和自救逃生，一是人员自身应掌握正确的逃生方法，二是消防安全管理者应具有火灾紧急情况下组织现场人员安全疏散的能力。

### 一、火场逃生的基本方法

（一）熟悉环境，心中有数

一般来说，人们以对于长期生活、工作和学习的环境比较熟悉，平常注意留心疏散路线，遇到紧急情况即可迅速逃离火灾现场。当到了一个陌生的地方时，特别是商场、宾馆等大型公共建筑，应留意观察大门、疏散楼梯、进出口通道和紧急备用出口的方位和特征，做到心中有数。一旦遇到火灾等紧急情况时，就不会迷失方向，为安全疏散和逃生赢得时间而获救。

（二）头脑清醒，沉着冷静

当建筑发生火灾时，应头脑清醒、沉着冷静，尽可能保持稳定的心理状态，沿疏散路线逃生。这时，切不可惊慌失措，做出犯错误的决断而冒险跳楼。如果疏散通道刚刚着火，烟火还不是很大，可用湿棉被、毯子等披在身上，毫不迟缓地冲过火海。这样，虽然可能受些伤，但可避免生命危险。

（三）做好防护，低姿逃跑

在建筑发生火灾，人员受到烟火威胁时，一定不要不加防护地狂奔乱跑，引起急喘气。否则，会很快吸入有毒烟气，窒息死亡。当烟雾太浓时，可用湿毛巾等捂住口鼻，屏住呼吸，防止烟雾毒气吸入体内。同时，要低伏身体逃跑，甚至俯卧爬行。这是因为烟雾毒气通常比空气轻，浮在较高部位，而贴近地面的地方空气污染少，含氧量较多，有利于安全疏散。

（四）辨明方向，巧用设施

在受到烟火威胁时，一定要尽快辨明逃生方向，沿着原已熟识的疏散路线逃生。要注意切不可盲目地随大流。要朝着明亮的地方疏散，在楼梯上一般要向下疏散。建筑上附设的落水管、毗邻的阳台、邻近的楼顶以及楼顶上的水箱等设施，都可成为人们逃生的途径。对于这些设施，要平时注意留心观察，熟记于心。如果楼梯已被烈火封堵，可利用屋顶上的天窗、阳台、外墙上的排水管道等建筑上突出构件逃生，还可用绳子拴在门窗等固定物上，顺着绳子往下滑。如果没有绳子，可就地取材。

（五）自身着火，切勿奔跑

火灾时一旦衣帽着火，应尽快地把衣帽脱掉，如来不及，可把衣服撕碎扔掉。切记不能奔跑，那样会使身上的火越烧越旺。着火的人到处乱跑，还会将火带到其他场所，引起新的起火点。身上着火时，最要紧的是尽快将衣服脱掉。如果来不及脱衣服，可卧倒在地上打滚，把身上的火苗压灭。在场的人也可用湿麻袋、毯子等把着火人包裹起来，以窒息灭火；或者向着火人身上浇水，帮助受害人将烧着的衣服撕下；或者跳入附近池塘、小河中将身上的火熄灭。

（六）发现及时，跑离火场

建筑火灾发生时，距离火灾现场较远受到烟火威胁很小，或未受到威胁的人员，可以通过迅速跑离火场逃生。但切记不要沿烟气弥漫严重，或已被烟火封堵的楼梯向下疏散。正确的选择是，沿烟气不浓，大火尚未烧及的楼梯、应急疏散通道、室外疏散楼梯等向下疏散。一旦在下跑的过程中遇到烟火或人为封堵，应沿水平方向选择其他通道，或临时退到其他避难部位，争取时间，进而采取其他方式逃生。同时，也可跑到楼顶平台等处，挥舞衣物，发出呼救，等候救援。

（七）结绳自救，逃离险境

在准备逃离房间前，应用手摸摸房门或开一道小缝观察，如果房门发烫或有浓烟扑入，说明火已离你不远，门外已十分危险。此时，要另寻生路。可将窗帘、被罩撕成粗条结起来，一端固定在暖气管道等室内固定物体上，另一端沿窗口下垂直至地面或较低楼层的窗口、阳台处下滑逃生。注意应将绳头结扎牢固，以防负重后松脱或断裂。

（八）封堵门洞，积极待援

当房间受到火灾威胁时，可用被子等蒙住门，堵严门缝，并向上泼水，抵挡住烟火的进攻。同时，可通过窗口向外呼救、打手电筒、抛掷物品等，发出求救信号。

（九）慎重跳楼，寻找生机

从较高楼层跳楼求生，是一种风险极高、不可轻取的逃生选择。在受到火灾威胁、高温烟气步步紧逼，无路可走，万般无奈之下一旦采用跳楼逃生，应注意尽量想方设法缩小与地面的落差，并先行抛一些柔软物品，如棉被等，以减少与地面的冲击。如有可能，楼下救援者应积极施救，放置充气垫等物兜接，以最大限度地减少伤亡。

**二、安全疏散的组织及要求**

建筑发生火灾时，现场的救援指挥者，应当尽快了解火场有无被困人员，以及被困地点和抢救通道，根据不同火灾现场的特点正确地组织安全疏散。

（一）安全疏散组织的基本程序及要求

1. 稳定情绪，维护现场秩序

在发生火灾时，现场往往火光冲天，浓烟滚滚，给人一种非常恐惧的感觉，这时有些人会惊慌失措，不知如何是好。在这种情况下，现场的指挥者，应当沉着冷静，果敢机警，采取喊话的方式稳定大家的情绪。告诉大家，我是什么负责人，现在是什么位置的什么东西着的火，请大家不要慌乱，积极配合，听从指挥，按指定路线尽快逃离火灾现场，使在场人员安全疏散出去。

2. 告诉注意事项，做好必要准备

现场组织者还应把疏散中应注意的事项告诉大家。如把干毛巾或身上的衣服弄湿捂上自己的口鼻等。对于老弱病残人员、婴幼儿等易被火灾侵害的高危人群体，还应当做好背、拉、抬、搀等帮扶准备，并尽快组织疏散。所有被困人员逃离出房间后，还应关闭好已逃离房间的门窗，以防止因空气的流通造成火灾的蔓延。

3. 选择正确路线和方法疏散

准备就绪后，应当按照平时制订的火灾应急预案，选择正确的路线疏散。在组织疏散时，如果人员较多或能见度很差时，应在熟悉疏通通道的人员带领下，一个接一个地撤离起火点。带领人可用绳子牵领，用“跟着我”的喊话或前后扯着衣襟的方法将人员疏散至室外或安全地点。

在做好防护，低姿撤离。组织人员疏散途中遇浓烟围困时，应当采取低姿势行走或匍匐穿过浓烟区的方法；应当设法用湿毛巾等捂住口、鼻，或用短呼吸法，用鼻子呼吸。此时，千万不要急跑，因为这样会加大呼吸量，吸入一口浓烟就可能致人窒息。

在人员集中场所组织紧急疏散时，可利用音响设备通报火灾情况和指导人员按一定顺序疏散，防止拥挤，影响疏散或造成踩伤事故。

4. 清点疏散人数

在组织人员疏散到安全地点后，对于大批的人员应当清点人数，防止遗漏未逃离的人员。尤其是对老弱病残者等易受到火灾侵害的人员，要做详细清点。

5. 保护好已疏散人员的安全，防止再入“火口”

从火场上脱离险境的人员，往往由于某种心理原因，不顾一切地想要重新回到原处，如自己的亲人还被围困在房间里，急于救出亲人；担心珍贵的财物被烧，想急切地抢救出来等。这不仅会使他们重新陷入危险境地，而且给火场扑救工作带来困难。因此，火场指挥人员应组织人安排好这些脱险人员，做好安慰工作，以保证他们的安全。

（二）不同场所人员疏散的组织

1. 楼房下层着火的安全疏散

楼房的下层着火时，楼上的人不要惊慌失措，应根据现场的不同情况采取正确的自救和疏散措施。如果楼梯间只是充满烟雾，可采取低姿势手扶栏杆迅速而下；如果楼梯已被烟火封住但未坍塌，还有可能冲得出去时，则可向头部、上身淋些水，用浸湿的棉被、毯子等物披围在身上从烟火中冲过去；如果楼梯已被烧断、通道被堵死时，要求被困人员通过屋顶上的老虎窗、阳台，沿落水管等处逃生，或在固定的物体上（如窗框、水管等）拴绳子，也可将被单撕成条连接起来，然后手拉绳缓缓而下。同时组织地面人员迅速找来绳子、竹梯、竹竿等简易救生器材，帮助被困人员逃生。如果上述措施行不通时，则应退居室内，关闭通往着火区的门窗，还可向门窗上浇水，延缓火势蔓延，并向窗外伸出衣物或抛出小物件发出求救信号或呼喊引起楼外人员注意，设法求救。在火势猛烈时间来不及的情况下，如被困在二楼要跳楼时，可先往楼外地面上抛掷一些棉被等物，或地面人员在地上垫席梦思等软垫，以增加缓冲，然后手拉着窗台或阳台往下滑，这样可使双脚先着地，又能缩小高度。如果被困在三楼以上，则不可以跳楼，可转移到其他较安全地点，耐心等待救援。

2. 高层建筑着火的安全疏散

高层建筑着火时，疏散较为困难，因此更应沉着冷静，不可采取莽撞措施，以避免造成次生灾害。首先要冷静地观察从哪里可以疏散逃生，并且要呼叫他人，提醒他人及时进行疏散。疏散时应按照安全出口的指示标志，尽快地从安全通道和室外消防楼梯安全撤出。切勿盲目乱窜或奔向电梯，那样反而贻误逃生的时机或被困在电梯间而致死。这是因为，火灾时电梯的电源常常被切断，同时电梯井烟囱效应很强，烟火极易向此处蔓延。如果情况危急，急欲逃生，可利用阳台之间的空隙、落水管或自救绳等滑行到没有起火的楼层或地面上，但千万不要跳楼。如果确实无力或没有条件用上述方法疏散自救时，可紧闭房门减少烟气、火焰进入，并用水浇湿房门，用湿毛巾堵塞缝隙，躲在窗户下或到阳台避烟；单元式住宅高楼也可沿通至屋顶的楼梯进入楼顶，等待到达火场的消防人员解救。总之，在任何情况下，都不要放弃求生的希望。

3. 人员密集场所着火的安全疏散

影剧院、歌舞厅、体育馆、礼堂、医院、学校以及商店等人员密集场所，一旦起火，如果组织疏散不力，很容易造成重大伤亡事故，因此，要对这些场所的安全疏散准备工作引起高度重视。

要制定安全疏散预案，按人员的分布情况，确定发生火灾情况下的安全疏散路线，并绘制平面图，用醒目的箭头标示出安全出口和疏散路线。平时要进行训练，以便火灾时按疏散预案有秩序地进行疏散。工作人员应履行职责，坚守岗位，保证安全走道、楼梯和出口畅通无阻。安全出口不得锁闭，通道不得堆放物资。组织疏散时应该注意稳定大家情绪，维持好秩序，防止互相拥挤。要扶老携幼，帮助残疾人和有病行动不便的人一道撤离火场。

4. 地下建筑的安全疏散

地下建筑包括地下旅馆、商店、游艺场、物资仓库等。这些场所处于地下，安全疏散的难度比地面建筑大得多。要保证安全疏散万无一失，应做到：

制定区间（两个出口之间的区域）疏散预案，明确指出区间人员疏散路线和每条路线上的负责人，并用平面图显示出来。管理人员都必须熟悉疏散方案，特别是要明确疏散路线，一旦发生紧急情况，能沉着地引导人流撤离起火场所。如果发生断电事故，营业单位应立即启用平时备好的事故照明设施或使用手电筒、电池灯等照明器具，以引导疏散。单位负责人在人员撤离后应清理现场，防止有人在慌乱中采取躲藏起来的办法而发生中毒或被烧死的事故。

**三、物资的安全疏散**

为了最大限度地减少损失，防止火势蔓延和扩大，要根据火场上的情况，对火场上的物资应有组织地进行疏散。

（一）急于疏散的物资

1. 有可能扩大火势和有爆炸危险的物资。例如起火点附近的汽油、柴油桶，充装有气体的钢瓶以及其他易燃、易爆和有毒的物品等。

2. 性质重要、价值昂贵的物资。例如，档案资料、高级仪器、珍贵文物以及经济价值大的原料、产品、设备等。

3. 影响灭火战斗的物资。例如，妨碍灭火行动的物资、怕水的物资等。

（二）组织疏散的要求

1. 将参加疏散的职工或群众编成组，指定负责人，使整个疏散工作有秩序地进行。

2. 疏散受水、火、烟威胁最大的物资。

3. 疏散出来的物资应堆放在上风向的安全地点，不得堵塞通道，并派人看护。

4. 尽量利用各类搬运机械进行疏散，如企业单位的起重机、输送机、汽车、装卸机等。

5. 怕水的物资应用苫布进行保护。

## 第四节　火灾事故调查

### 一、火灾事故调查的概念

火灾事故调查是公安消防机构火灾调查人员依照《消防法》、《火灾事故调查规定》等法律法规的规定，通过调查询问、现场勘验、技术鉴定等工作分析认定火灾原因和火灾事故责任，对火灾事故进行依法处理的过程。其目的是通过查明火灾事故原因和火灾事故责任，制定科学有效的防火技术规范、防火和灭火措施，惩治违法和犯罪行为，教育广大群众提高防火安全意识，加强消防安全保卫工作，有效遏制火灾的发生。火灾事故调查的任务是调查火灾原因，统计火灾损失，依法对火灾事故作出处理，总结火灾教训。

火灾事故发生后，失火单位应当积极协助公安机关消防机构调查火灾原因，做好所承担的与火灾调查有关的工作。

### 二、火灾事故调查的主体

根据《消防法》第51条的规定，公安机关消防机构负责调查火灾事故原因，统计火灾损失，并根据火灾现场勘验、调查情况的有关的检验、鉴定意见，依法对火灾事故作出火灾责任认定，作为处理火灾事故的证据，总结火灾事故教训。

根据公安部《火灾事故原因调查规定》，火灾事故调查由县级以上公安机关主管，并由本级公安机关消防机构实施；尚未设立公安机关消防机构的，由县级公安机关实施。

公安派出所应当协助公安机关火灾事故调查部门维护火灾现场秩序，保护现场，进行现场调查，根据需要搜集、保全与火灾事故有关的证据，控制火灾肇事嫌疑人。

铁路、交通、民航、林业公安机关消防机构负责调查其消防监督范围内发生的火灾。

公安机关消防机构接到火灾报警，应当及时派员赶赴现场，并指派火灾事故调查人员开展火灾事故调查工作。

失火单位的与火灾责任无关的技术人员和管理人员，因其熟悉本单位的生产工艺和设备等情况，根据需要也可以邀请参加火灾调查的部分工作。

## 三、失火单位在火灾事故调查中的工作

任何单位和个人不得妨碍和非法干预火灾事故调查。失火单位和受灾户有义务保护火灾现场，并如实提供火灾情况，接受公安消防机构的调查。火灾事故发生后，失火单位应当积极协助公安机关消防机构调查火灾原因，并努力做好以下几项工作：

### （一）保护好火灾现场

火灾现场是提取查证火灾原因痕迹物证的重要场所。保护火灾现场的目的，是为了发现起火物、引火物，根据着火物质的燃烧特性、火势蔓延情况，研究火灾发展蔓延的过程，为确定起火点、搜集物证创造条件。大量的火灾调查实践说明，火灾保护好火灾现场是做好火灾调查工作的前提。如果火灾现场遭到破坏，就会直接影响现场勘查工作的顺利进行，影响勘查工作的质量，影响火灾调查人员的准确判断。

《消防法》第51条规定，公安机关消防机构有权根据需要封闭火灾现场。火灾扑灭后，发生火灾的单位和相关人员应当按照公安机关消防机构的要求保护现场，接受事故调查，如实提供与火灾有关的情况。

1. 人人都有保护火灾现场的义务

保护火灾现场是火灾调查人员、公安派出所民警和基层保卫人员的法定职责，也是广大公民的法定义务。火灾的发生往往涉及刑事、行政和民事等各种责任，任何人都要树立法律意识和证据意识，在积极组织灭火、抢救生命财产的同时，应采取各种有效措施，加强对火灾现场和相关证据的保护。

基层消防管理单位在接到火灾报警后，应尽快赶到现场，在组织群众扑救火灾、抢救财产和人员的同时，布置好现场保护工作，避免人员随意出入火灾现场。

火灾现场的保护工作应当从发现起火时开始，不要等公安消

防队或火灾调查人员到达后才开始。最早到达火场和发现起火的义务消防员、专职消防队员、治保人员以及单位负责人等都有责任保护现场，广大干部群众都有义务和权利协助保护好火灾现场。

火灾发生后，受灾单位应保护火灾现场。火灾现场保护范围应当依据公安消防机构划定的警戒范围。尚未划定警戒范围时，应将火灾过火范围以及与发生火灾有关的部位划定为火灾现场保护的范围。未经公安消防机构允许，任何人不得擅自进入火灾现场保护范围内，不得擅自移动火场中的任何物品。未经公安消防机构同意，任何人不得擅自清理火灾现场。

2. 火灾扑救中应注意保护火灾现场

无论是单位自救还是公安消防队到场之后火场指挥人员指挥灭火行动，都应注意在火灾扑救的过程中尽可能保护火灾现场。在火势被控制后扑灭残火时，不宜用直流水直射重点保护区，尽量避免破坏现场或移动物证。在检查火灾现场时，尽量不要移动室内物品、电器和机器设备，避免踩踏或破坏物品。

在公安机关消防机构火灾调查人员未到达火场之前火已被扑灭的情况下，失火单位应当积极安排人员，将火灾场现场保护起来，并在公安机关消防机构火灾调查人员到场后，向其介绍了解的情况，将火灾现场保护工作移交给火灾调查组。

3. 正确划定火灾现场保护范围

火灾现场保护范围的划定，应根据着火物质的性质和燃烧特点等不同情况来决定。在保证能够查清火灾原因的前提下，应尽量缩小保护范围。在一般情况下，建筑物火灾在被烧建筑物墙外1m之内，露天火灾在被烧物质范围外1m之内都应划为现场保护区。但是，当起火部位不明显、起火点与火场遗留痕迹不一致时，其保护范围还应根据现场条件和勘查工作的需要扩大。当起火原因怀疑为电气设备故障所致时，凡属与火场用电设备有关的线路、电器、设备及其通过和安装的场所都应划入被保护的范围。对于发生爆炸的火灾现场，除应把抛出物的着地点列入保护范围外，同时还应把爆炸破坏或影响波及的建筑物也列入保护的范围。

火灾现场保护的时间应从发现起火时起，到失去保护价值时止。火灾现场保护的撤销，应由公安机关消防机构或立案机关决定。

（二）组织安排好调查访问对象

火灾事故调查访问是与了解起火原因、起火点和火灾蔓延等情况的人员进行交谈，尽可能准确地再现火灾的过程。通过火灾事故调查访问，可以为查明起火原因搜集证据材料。

应当接受访问的人员主要有：首先发现起火的人，起火前最后离开现场的人；报火警或报案的人；最先到达火场和扑救的人；起火时就在火灾现场的人；熟悉现场原有物资情况或生产工艺情况的人；熟悉起火部位周围或火场周围情况的人；受灾单位的有关领导或受灾户主、家人；火场上救出来的受伤人员，其他人员等。上述人员都是调查火灾事故原因的相关人员，在火灾事故原因调查期间不应远离单位。要做到随叫随到，随时接受询问，以保证火灾事故原因调查访问工作的顺利进行。

（三）协助做好火灾损失统计工作

火灾扑灭后，失火单位还要协助公安机关消防机构做好火灾经济损失和人员伤亡统计工作。

1. 火灾经济损失的统计

火灾经济损失分直接财产损失和间接财产损失两项。火灾直接财产损失是指被烧毁、烧损、烟熏和灭火中破拆、水渍以及因火灾引起的污染等所造成的损失。火灾间接财产损失是指因火灾而停工、停产、停业所造成的损失，以及现场施救、善后处理费用。

受损单位和个人应当于火灾扑灭之日起 7d 内向火灾发生地的县级公安机关消防机构如实申报火灾直接财产损失，并附有效证明材料。

2. 人员伤亡的统计

凡在火灾和火灾扑救过程中因烧、摔、砸、炸、窒息、中毒、触电、高温、辐射等原因所致的人员伤亡列入火灾伤亡统计范围。

值得注意的是，所有火灾不论损害大小，都应列入火灾统计范围。国家机关、社会团体、企业事业组织和个体工商户等火灾统计调查对象，必须依照《统计法》以及其他有关法规，如实提供火灾统计资料，不得虚报、瞒报、拒报、迟报，不得伪造、篡改。

（四）全面分析事故的原因，研究制定整改措施

火灾事故发生后，失火单位应当对事故发生的相关因素进行全面分析，找出问题的症结所在，研究制定出整改措施，以防止类似事故再次发生。

火灾事故原因分析工作，应当由主管消防安全工作的领导负责，组织有关人员参加。如果直接原因与生产工艺有关，还应吸收设计、生产技术部门的有关工程技术人员参加，以便科学地查明构成火灾事故直接原因的诱导因素。

构成火灾事故最基本的原因，一般包括消防安全教育差、安全标准不明确、消防安全制度不落实、劳动纪律不严格等。导致火灾事故的主要原因，主要有技术原因、教育原因、身体原因、精神原因等。直接原因可分为物的原因和人的原因两种。物的原因主要有环境条件差、设备不良、安全装置有故障、设备不完善、报警设备失灵等。人的原因主要有违反安全操作规程、操作准备不足、误操作、麻痹大意、玩忽职守等。

针对分析出来的导致火灾的各种原因，要逐条逐项研究，采取相应的对策和措施，切实防止类似火灾事故的再次发生。

（五）对需要单位处理的火灾责任者及时做出处理

在火灾原因查清之后，为了教育火灾肇事者本人和职工群众，应当根据公安机关消防机构出具的《火灾原因认定书》和《火灾事故责任书》对有关责任者进行追查处理。

对构成犯罪的人员和违反消防安全管理的人员，分别由司法

机关和公安机关消防机构依据有关法律进行处理。对那些尚不够追究刑事责任和消防管理处罚的责任者，分别由有关部门和单位，按照干部和职工的管理权限，视情给予处理。

（六）对认定不服的救济途径

当事人对火灾事故认定有异议的，可以自火灾事故认定书送达之日起 15d 内，向上一级公安机关消防机构提出书面复核申请。复核申请应当载明复核请求、理由和主要证据。复核申请以一次为限。“当事人”，是指与火灾发生、蔓延和损失有直接利害关系的单位和个人。

# 第十二章　火灾应急预案和消防档案管理

## 第一节　火灾应急预案的制定与演练

### 一、关于火灾应急预案制定与演练的规定

火灾应急预案是针对可能发生的火灾事故，为迅速、有序地开展应急行动而预先制定的行动方案，是尽最大努力使火灾事故损失降到最低程度的有效保障手段。单位制定火灾应急预案，是防范火灾事故，减少火灾损失和人员伤亡的关键一环。

制定火灾应急预案是国家法律法规的要求。《消防法》第16条明确规定，机关、团体、企业、事业等单位应当制定灭火和应急疏散预案，组织进行有针对性的消防演练。《消防法》第20条规定，举办大型群众性活动，承办人应当依法向公安机关申请安全许可，制定灭火和应急疏散预案，并组织演练。《机关、团体、企业、事业单位消防安全管理规定》第6条也明确规定，单位的消防安全责任人应当组织制定符合本单位实际的灭火和应急疏散预案，并实施演练。《消防法》第43条规定：县级以上人民政府应当组织有关部门针对本行政区域内的火灾特点，拟制定火灾应急预案，建立火灾应急反应和处置机制，为火灾扑救和应急救援工作提供人员、装备等保障。

### 二、制定火灾应急预案的意义和作用

火灾应急预案明确了在火灾事故发生之前、发生过程中，以及刚刚结束后，谁负责做什么，何时做，相应的部署和资源准备等，是为应急行动所预先作出的详细安排，是及时、有序、有效地开展火灾事故应急救援工作的行动指南。其意义和作用有以下

方面：

1. 制定火灾应急预案是预防火灾事故、进行灭火和应急疏散的需要。火灾应急预案明确了实施应急行动的组织、人员、任务、内容、程序和方法等，使火灾应急行动有据可依，有章可循。当发生火灾事故时，科学有效的火灾应急预案可以指导人员沉着救灾，有序疏散，避免惊慌失措、手忙脚乱。通过预案的实施，可以降低事故的危害程度，减少事故的损失和人员伤亡。

2. 通过制定火灾应急预案，有利于发现预防系统存在的缺陷，更好地促进火灾事故预防工作。在火灾事故发生时，作出及时的应急行动，降低火灾损失和危害。

3. 切实落实消防安全责任制。严密的组织机构及其人员明确的职责，事故发生时每一个环节都有对应的人员负责。

4. 火灾应急预案是做好火灾应急准备，开展火灾应急演练的依据。预案的演练使每一个参加人员都熟知自己的职责、工作内容、周围环境，在事故发生时，能够熟练地按照预定的程序和方法进行应急行动。

5. 有利于提高全体人员预防火灾、扑救火灾和安全疏散的意识。

## 三、单位火灾应急预案的制定

### （一）火灾应急预案的内容

《机关、团体、企业、事业单位消防安全管理规定》第39条规定，安全重点单位制定的灭火和应急疏散预案应当包括下列内容：

1. 组织机构，包括灭火行动组、通讯联络组、疏散引导组、安全防护救护组等。

2. 报警和接警处置程序。

3. 应急疏散的组织程序和措施。

4. 扑救初起火灾的程序和措施。

5. 通信联络、安全防护救护的程序和措施。

（二）单位火灾应急预案的组织机构

消防安全负责人或消防安全管理人员担负公安消防队到达火灾现场之前的指挥职责，组织开展灭火和应急疏散等工作。规模较大的单位，可以成立火灾事故应急指挥机构。

火灾应急疏散各项职责应由当班的消防安全管理人员、部门主管人员、消防控制室值班人员、保安人员、志愿消防队承担。规模较大的单位可以成立各职能小组，成员由消防安全管理人员、部门主管人员、消防控制室值班人员、保安人员、志愿消防队及其他在岗从业人员组成。

火灾事故应急组织机构的主要职责如下：

1. 灭火行动组。发生火灾时，立即利用消防器材、设施就地进行火灾扑救。

2. 通信联络组。负责与消防安全责任人和当地公安消防机构之间的通信和联络。

3. 疏散引导组。负责引导人员正确疏散、逃生。

4. 安全防护救护组。协助抢救、护送受伤人员。

5. 保卫组。阻止与场所无关人员进入现场，保护火灾现场，并协助公安消防机构开展火灾调查。

6. 后勤组。负责抢险物资、器材器具的供应及后勤保障。

（三）火灾应急预案的主要程序

当确认发生火灾后，应立即启动灭火和应急疏散预案，同时开展以下工作：

1. 报警

（1）假设某一部位起火。一员工首先发现起火或消防控制信号反馈并确认起火，第一反应立即拨打火警电话“119”报警。报警人员要按照要求沉着冷静、准确报警。

（2）报警完毕后，即向本单位的最高行政领导或总值班报告。

（3）单位最高行政领导接到火警报告后，必须及时召集本单位有关人员到火灾现场。

2. 成立临时救灾指挥机构

该机构由单位的最高行政领导和有关人员（安保、工程及事发部门等负责人）组成，最高行政领导为指挥机构的指挥。指挥的主要职责是：(1) 根据火灾的实际情况，确定扑救措施；(2) 根据扑救火灾的原则，布置救人、疏散物资和灭火等任务；(3) 公安消防队到达后，及时向公安消防指挥报告情况，服从统一指挥，协助公安消防队进行扑救。

3. 通报情况

充分利用本单位的一切宣传工具（如广播等）或大声喊叫，向室内人员发出发生火灾通报。通报的内容包括：火灾情况；稳定人员情绪；引导人员紧急疏散的路线和方向。

4. 疏散和救护

(1) 划定安全区。根据本单位的特点和周围情况，确定人员疏散集结的安全区域和疏散通道。

(2) 明确分工。由本单位义务消防人员引导和护送被困人员向安全疏散区域疏散。在疏散路线上应设立哨位，向被困人员指明方向，查清是否有人留在着火点或应疏散的区域内，安置好疏散出来的人员，并做好稳定情绪工作。

(3) 疏散次序：1) 先着火房间，后着火房间的相邻区域；2) 先着火层以上各层，后着火层以下各层；3) 指导青壮年人员沿着设定的疏散路线进入安全区域，护送行动不便的人员从消防电梯和消防安全通道疏散。

(4) 现场救护。组织本单位医护人员在安全区域及时对伤员进行处理或送医院救治。

5. 组织灭火，启动消防设施

(1) 在全面展开疏散人员和物资的同时，指挥机构组织专职消防人员、工程技术人员及有关人员组成灭火行动指挥组，组织进行灭火。由单位值班负责人或消防队长为灭火指挥。

(2) 迅速组织专职或义务消防队员利用现有的消防设备、设施、器材展开灭火。

（3）启动送风排烟设备，保证疏散楼梯间、防烟室等疏散通道处于安全状态；关闭防火分区的防火门、防火卷帘等，防止火灾扩大蔓延等。

6. 安全警戒

（1）单位外围警戒任务是：清除路障，指挥无关车辆离开现场，劝导过路行人撤离现场，维护好单位外围的秩序，迎接消防车，为消防队到场灭火创造有利条件。

（2）公安消防队到达现场后，由单位临时救灾指挥向公安消防指挥报告火灾情况及处理情况，并移交指挥权，听从公安消防队的指挥。

（3）火灾扑灭后，在火灾区域设立警戒区，保护好火灾现场，禁止无关人员进入，并积极配合协助公安消防机构调查火灾事故。

### （四）火灾应急预案的完善

火灾应急预案制定完成后，应定期组织员工学习熟悉火灾应急预案的有关具体内容，并通过预案演练，逐步修改完善。对于地铁、高度超过100m的多功能建筑等，应根据需要邀请有关专家对火灾应急预案进行评估、论证，使其进一步完善。

## 四、单位火灾应急预案的演练

### （一）演练的目的

火灾应急预案演练的目的是，检验各级消防安全责任人、各职能组有关人员对灭火和应急疏散预案内容、职责的熟悉程度；检验人员安全疏散、初起火灾扑救、消防设施使用情况；检验本单位在火灾紧急情况下的组织、指挥、通信、救护等方面的能力；检验火灾应急预案的实用性和可操作性。通过演练，使员工绷紧消防安全这根弦，掌握初起火灾扑救的基本方法和步骤，提高火灾紧急情况下的应变和自防自救能力，随时准备应对火灾事故，确保消防安全。

### （二）火灾应急预案演练的组织

1. 火灾应急预案应定期组织。对于人员密集场所来说，旅馆、商店、公共娱乐场所应至少每半年组织一次消防演练，其他场所应至少每年组织一次；宜选择人员集中、火灾危险性较大和重点部位作为消防演练的目标，根据实际情况，确定火灾模拟形式。消防演练方案可以报告当地公安消防机构，争取其业务指导。

2. 根据各单位实际情况，对重点部位、危险部位或人员密集区域设定火情，由单位领导、保卫部门和有关部门负责人等组成自救指挥机构，按照灭火、引导疏散等工作分工设立灭火、引导等职能小组。

3. 火灾应急预案演练应让场所内的从业人员都知道。火灾应急预案演练前，应通知场所内的从业人员和顾客等人员积极参与；消防演练时，应在建筑入口等显著位置设置“正在消防演练”的标志牌，进行公告。

4. 火灾应急预案演练应按照灭火和应急疏散预案实施。

5. 模拟火灾演练中应落实火源及烟气控制措施，防止造成人员伤害。

6. 地铁、高度超过100m的多功能建筑等，应适时与当地公安消防队组织联合消防演练。

7. 演练结束后，应将消防设施恢复到正常运行状态，做好记录，并及时进行总结。

（三）演练要求

1. 各单位要根据本单位的实际情况，假设火情、制定具体的演练方案，严密组织，精心安排，确保演练顺利进行。

2. 演练人员要一切行动听指挥，要把演练当做一次实战的机会，各项行动的实施要迅速、紧张有序，操作动作要到位。

3. 要做好演练的安全工作。演练场所、路线要科学合理，器材要可靠。演练前要对参加人员进行安全教育。保卫部门要对环境进行检查，特别是对疏散中使用的梯子、绳索等各类用具、器具进行检查，确保安全可靠。

4. 认真总结演练的经验和教训，为修改、完善火灾应急预案提供依据。

**五、制定火灾应急预案的要求**

1. 制定火灾应急预案要遵循一定的程序。一是要全面地认识和评价本单位潜在的火灾事故及其性质、区域、分布和事故后果，分析评估本单位的应急行动力量和资源情况。二是编制人员要由各方面的专业人员或专家组成。预案制定工作是一项涉及面广、专业性强的工作，需要各方面的知识。三是要广泛收集各种相关信息资料，以此作为预案制定的依据。四是按照预案的内容和格式要求，认真组织编制。五是预案编制完成后，要进行评审，评审通过后，以一定的程序和形式发布。

2. 消防安全重点单位应按照消防法律规定制定火灾应急预案，其他单位也应当结合本单位实际，参照制定相应的火灾应急预案。

3. 在进行火灾应急预案演练后，结合实际，及时对预案进行完善，使其在发生火灾事故时真正发挥应有的作用。

## 第二节　消防档案管理

**一、建立消防档案的规定**

《消防法》第 17 条规定，消防安全重点单位应当建立消防档案，实行严格管理。

对于其他单位，应当将本单位的基本概况、公安机关消防机构填发的各种法律文书、与消防工作有关的材料和记录等统一保管备查。

**二、消防档案的内容**

消防档案主要内容应当包括消防安全基本情况和消防安全管理情况。

（一）消防安全基本情况

消防安全基本情况主要包括下列内容：

1. 单位基本概况和消防安全重点部位情况。

2. 建筑物或者场所施工、使用或者开业前的消防设计审核或者备案、消防验收或者备案以及消防安全检查的文件、资料。

3. 消防管理组织机构和各级消防安全责任人。

4. 消防安全制度。

5. 消防设施、灭火器材情况。

6. 专职消防队、义务消防队人员及其消防装备配备情况。

7. 与消防安全有关的重点工种人员情况。

8. 新增消防产品、防火材料的合格证明材料。

9. 灭火和应急疏散预案等。

（二）消防安全管理情况

消防安全管理情况应主要包括下列内容：

1. 公安机关消防机构填发的各种法律文书。

2. 消防设施定期检查记录、自动消防设施全面检查测试的报告以及维修保养的记录。

3. 火灾隐患及其整改情况记录。

4. 防火检查、巡查记录。

5. 有关燃气、电气设备检测（包括防雷、防静电）等记录资料。

以上四条规定内容中应当记明检查的人员、时间、部位、内容、发现的火灾隐患以及处理措施等。

6. 消防安全培训记录。其应当记明培训的时间、参加人员、内容等。

7. 灭火和应急疏散预案的演练记录。其应当记明演练的时间、地点、内容、参加部门以及人员等。

8. 火灾情况记录。

9. 消防奖惩情况记录等。

**三、消防档案管理要求**

1. 单位应建立消防档案管理制度，其内容应明确消防档案管理的责任部门和责任人，消防档案的制作、使用、更新及销毁的要求。

2. 消防档案应当详实，全面反映单位消防工作的基本情况，并附有必要的图表，根据情况变化及时更新。单位应当对消防档案统一保管、备查。

3. 按照有关规定建立纸质消防档案，并宜同时建立电子档案。

4. 消防安全重点单位应确定消防档案信息录入维护和保管人员。消防档案应由专人统一管理，按档案管理要求装订成册。

5. 流动保管的巡查记录等档案台账，交接班时应有交接手续，不应缺页。流动档案应保存在营业场所的现场。可根据实际需要，适时、集中保存。

6. 重要的技术资料、图纸、审核验收和消防安全检查等法律文书等应永久保存。

# 参考文献


1.《中华人民共和国消防法》(中华人民共和国主席令第6号.2008)

2.《机关、团体、企业、事业单位消防安全管理规定》(公安部令第61号.2002)

3.《建设工程消防监督管理规定》(公安部令第106号.2009)

4.《社会消防安全教育培训规定》(公安部令第106号.2009)

5.《人员密集场所消防安全管理》(GA 654—2006)

6.《建筑设计防火规范》(GB 50016—2007)

7.《高层民用建筑设计防火规范》(GB 50045—1995)

8.《建筑灭火器配置设计规范》(GB 50140—2005)

9.《建筑内部装修防火施工及验收规范》(GB 50354)

10.《火灾自动报警系统施工及验收规范》(GB 50166)

11.《自动喷水灭火系统施工及验收规范》(GB 50261)

12.《气体灭火系统施工及验收规范》(GB 50263)

13.《建设工程施工现场消防安全技术规范》(国家标准.征求意见稿.2010)

14.《建筑消防设施的维护管理》(GA 587—2005)

15.《重大火灾隐患判定方法》(GA 653—2006)

16.《火灾分类》(GB/T 4968—2008)

17.《火灾事故调查规定》(公安部令第108号.2009)

18. 王学谦主编.建筑防火设计手册.北京:中国建筑工业出版社,2008

19. 王学谦主编.建筑防火安全技术.北京:化学工业出版社,2006

20. 郑端文编著.消防安全管理.北京:化学工业出版社,2009

21. 宋光积主编.实用消防管理学.北京:中国人民公安大学出版社,2007

22. 刘盛、刘明洁主编.消防安全知识教育读本.北京:中国法制出版社,2009

23. 张仕廉、董勇、潘承仕编著.建筑安全管理.北京:中国建筑工业出版社,2005